KB071971

아름다운 시작,
일상 정원

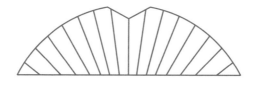

아름다운 시작,
일상 정원

이명희 지음

사람의무늬

☀ 열린 정원, 이웃과의 만남

☀ 꽃과 나무가 들려주는 이야기

나의 삶, 나의 정원

꽃이 너무 좋아 아름다운 정원을 꿈꾸는 나는 좋아하는 꽃이 건강하게 자라서 고운 꽃을 피울 땐 참으로 행복합니다. 꽃과 나무를 키우고 싶어 생활의 편의가 보장된 아파트를 마다하고 작은 뜰이 있는 주택에서 다양한 꽃들과 함께 살고 있습니다.

고집 센 남편의 아내이자 개성 강한 세 아이의 엄마로서 삶은 그리 평탄하지 않았지만, 그래도 항상 주변에는 좋아하는 꽃과 나무가 사는 작은 정원이 있고, 정원에는 철따라 피어나는 고운 꽃들이 있어 많은 위안을 받았습니다. 이제 삼 남매는 다 자라서 제 손을 떠나 각자 삶을 찾아 떠났고, 이 집에서 여전히 내 마음을 채워주는 꽃과 나무가 마음의 안식처로 남았습니다.

내가 꿈꾸는 정원은 하얀 찔레꽃이 담장 가득 흐드러지게 피어나는 곳, 어릴 때 채소밭 밭두렁에서 보았던 사랑스런 풀꽃들이 옹기종기 모여 정겹게 피어 있는 예쁘고 소박한 정원입니다. 도심에 사는 나는 비록 찔레꽃 담장은 없지만, 주어진 여건을 최대한 활용해 어린 시절의 아련한 예쁜 추억을 담아 항상 꽃을 가꾸며 살아갑니다.

　그동안 수많은 식물들과 함께 살아가면서 고운 꽃을 피우기 위해 꽃과 나무들이 잘 자랄 수 있는 곳, 그 꽃과 나무들이 주변과 아름답게 어울릴 수 있는 공간을 찾아 여기저기 옮겨 다니며 키웠습니다. 꽃들도 저마다 개성이 강해 같은 손길과 관심을 준다고 해도 건강하게 잘 자라서 고운 꽃을 피워 뿌듯함을 안겨주는 아이도 있고, 어느 날 갑자기 이유도 모르게 가 버려 안타까움을 주는 아이도 있습니다. 나름대로 다양한 경험과 느낌으로 아름다운 꽃이 피어날 땐 참 기쁘고 행복했지만, 어렵게 데려와 키운 소중한 식물들이 이유도 모르게 죽어가는 모습을 지켜보는 것은 참 답답하고 안타까웠습니다.

　더욱이 막막한 것은 식물에 대한 정확한 정보를 알 수 없다는 것이었습니다. 화원에서 알려주는 간단한 정보만으로 식물을 보살피기엔 부족함이 많았기에, 꽃에 관한 서적을 많이 찾아보았지만, 내가 알고 싶은 것을 채우기에는 한계가 있었습니다. 수많은 원예 서적에는 식물들의 형태와 습성, 생태환경 등 다양한 정보들이 가득하지만 대부분 우리 주변 환경을 제대로 고려하지 못한 채, 형식적이며 일반적인 정보들이 오히려 답답함을 더해 주었습니다. 나랑 함께 사는 모든 꽃들이 건강하게 잘 자라 사랑스럽게 꽃을 피우며 주변 식물들과 아름답게 서로서로 어우러져 사는 정원을 가꾸고 싶은 열망은 가득했지만, 그 꿈을 이루어 내는 건 만만치 않았습니다.

세월이 흘러 우리집 삼 남매 막둥이까지 대학에 입학한 후 그동안 나름대로 최선을 다한 아내와 세 아이 엄마로서의 책임과 의무에서 훨훨 벗어나 평소에 참 하고 싶었던 조경과 식물에 대해 체계적으로 공부를 하고 싶었습니다. 하지만 스스로 만든 이런저런 제약이 많아 쉽게 결정을 하지 못하고 망설이고 있었습니다. 그때 남편이 큰 힘을 준 말은 "결혼반지도 못해 주었으니 그때 못해 준 비싼 보석 반지보단 지금 하고 싶은 공부를 하는 것이 더 뜻깊지 않느냐"고 조언해 준 것이었습니다.

큰딸도 손뼉을 치며 엄마가 좋아하는 공부를 하라는 강력한 권유에 힘입어 용기를 내 꿈과 희망을 찾아 대학원(성균관대 대학원 조경학과)에 입학을 하였습니다. 그동안 참 많이 하고 싶었던 공부였기에 열심히 꽃과 나무에 관한 다양한 책을 접하고 새로운 지식을 습득하면서 그동안 알고 싶었던 것, 많은 실수들을 하나하나 어렴풋이 알아가는 즐거움에 참으로 행복한 시간이었습니다.

식물들도 살아 있는 생명체라 맛을 알고 느낌을 알고, 우리들처럼 좋아하고 싫어하는 것이 있어 온종일 강한 햇볕을 좋아하는 아이, 부드러운 햇살을 좋아하는 아이, 그늘을 좋아하는 아이, 물을 좋아하는 아이, 물을 싫어하는 아이, 아예 물속에서 사는 아이 등 다양한 환경에서 살아갑니다. 심지어 같은 아이라도 사는 환경에 따라 그 환경에 적응하기 위해 자라는 습성과 특성 또한 참 달랐습니다. 어떤 꽃은 그 해 태어나 꽃을 피우고 씨를 맺고 사라져 단 1년만 사는 일년생, 2년만 사는 이년생, 여러 해 동안 사는 다년생 등이 있었습니다. 이렇게 다양한 식물들이 꽃을 피우며 자연의 섭리에 따라 그 환경에 적응하며 묵묵히 살아가고 있었습니다. 더욱이 신기한 것은 식물들은 우리보다 더 미세한 초감각적인 섬세한 감성을 지니고 있다는 점입니다. 시간과 세월이 흘러감에 따라 스스로 주체가 되어 행동한다는 것이 참 신비롭고 놀라웠습니다. 이 섬세하고 예민한 식물들과 함께 살려면 식물이 지닌 그 본연의 아름다움을 알고, 그 아름다움을 마음껏 발휘할 수 있도록 좋아하는 환경과 어울리는 공간을 찾아주고, 왜 그 식물이 꼭 그 자리에 있어야만 하는지 생각해 보는 것이 얼마나 중요한 것인지 절실히 깨닫게 되었습니다.

아름다움에 대한 감상은 개인마다 다르겠지만, 정원을 가꿀 때에는 최소한 기본적으로 식물을 바라보는 눈과 아름다움을 제대로 전달해 주는 역할이 얼마나 중요한 것인지 더욱더 절실해졌습니다. 가끔 길을 가다 보면 저 고운 꽃이 왜 저곳에서 힘들게 사는지 누가 저 꽃을 좋아하지 않는 환경에 억지로 데려와 꾸며 놓은 건지 어색하고 초라한 모습에 안타깝고 화가 나기도 합니다. 대부분 식물의 생태 특성을 잘 알지 못해 부적합한 장소에 배치하거나 어울리지 않는 화분을 사용하여 주위 환경과 조화를 이루지 못합니다. 좋아하는 꽃이 어디에서 어떻게 예쁘게 잘 자라는지 몰라서, 마음먹고 예쁘다며 데려온 식물이 시들어 버려질 때 속상하고 실망해서 꽃을 키우기 겁이 나는 경우가 참 많습니다.

우리 둘레에 쓸모없이 버려진 작은 공간에 어울리는 풀 한 포기, 나무 한 그루라도 심어 생명이 움트고 꽃을 피우고 씨를 만드는 자연의 신비로움과 아름다움을 느낄 수 있다면, 그 곳이 바로 내 예쁜 뜰이 되고 내 영혼의 유토피아가 되고, 여기에서 한 걸음 더 나아가면 아름다운 마을이 되어 함께 즐길 수 있습니다. 정원에 식물을 심는 방법도 사람의 취향에 따라 다르지만, 최소한 그 식물의 습성과 좋아하는 환경을 알아준 다음에 "그 식물이 나의 정원에서 어떻게 자랄까?", "나의 정원에 있는 식물들과 서로 조화를 이루며 지낼 수 있을까?"를 고민해야 합니다.

우리 삶도 여러 사람들과 함께 살기 위해 서로 이해하고 존중하고 타협하며 살아가듯이 꽃과 나무도 건강하고 아름답게 자라서 아름다운 정원을 만들기 위해서는 내 자신의 욕구뿐만 아니라 식물의 욕구도 이해하고 존중하며 타협해야 합니다. 하지만 나 역시 여전히 이 아이들에게 미련이 남아, 아는 것을 행하기가 쉽지 않기에 계속 노력 중입니다.

우리집 정원으로의 초대:
정원의 사계

⋮

우리집 정원에는 참 다양한 식물들이 살고 있습니다. 이 다양한 식물들이 타고난 본연의 아름다움을 마음껏 펼치며 함께 살아갈 수 있도록 햇살과 바람, 그늘 등 환경과 그 공간의 특성과 주변을 고려해 다섯 가지 정원을 조성했습니다.

첫 번째 정원은 우리집 마당에 자리한 정원입니다. 답답한 담장을 허물고 도로와 정원이 이어진 느낌으로 나지막하게 돌담을 쌓았습니다. 뜰 중앙에는 감나무가 살고 주택과 주변 경관을 자연스럽게 연결하는 자두나무, 모과나무, 소나무, 철쭉 등을 배경삼아 해마다 다시 만나서 그 계절 운치와 아름다움으로 고운 꽃을 피워주는 돌단풍, 복수초, 앵초, 얼레지, 크로크스, 깽깽이풀, 마삭나무, 매발톱, 할미꽃, 물망초, 크리스마스로즈, 금창초, 아이리스, 낙동강구절초, 체리세이지, 산나리, 도라지꽃, 아케네시아, 아네모네, 구절초, 용담, 수레국화, 쑥부쟁이 등 다양한 초화류가 어우러져 살고 있습니다. 정원을 지나가는 사람들이 언제든 꽃을 보러

첫 번째 정원(앞뜰)

두 번째 정원(거실 앞 작은 뜰)

세 번째 정원(온실)   네 번째 정원(물정원)

다섯 번째 정원(용기정원)

들어올 수 있는 장식적인 조그만 대문은 항상 열려 있는 앞뜰의 주 정원입니다.

두 번째 정원은 앞뜰과 거실을 연결하는 작은 테라스를 활용해서 만든 정원입니다. 거실에서 정원을 바로 볼 수 있도록 창틀을 낮추어 거실 창문만 열면 바로 만날 수 있는 작은 화분들과 작은 소나무가 사는 조그만 화단으로 이루어진 테라스 정원입니다.

세 번째 정원은 홑동백과 천리향을 위한 유리온실로, 비록 직접 햇살과 비를 맞이할 수 있는 환경은 아니지만 유리창으로 들어오는 햇살과 바람에 따라 다양한 식물들이 꽃을 피우고, 그 꽃을 따라 나비와 벌과 새들이 날아오는, 사계절 내내 초록을 간직한 안방 정원이랍니다.

네 번째 정원은 이층 거실과 바로 연결된 이층 베란다 정원으로, 긴 화단과 커다란 화분으로 이루어진 4평 정도의 공간입니다. 이곳에는 강한 햇빛보다 부드러운 햇살을 좋아하는 아이들이 있지만, 참 신기하게도 다른 곳에서 힘들게 살았던 식물들이 이곳에 오면 생기를 찾는 '치유의 정원'입니다. 참 다양한 식물들이 함께 살아가며 봄, 여름, 가을, 겨울 변하는 계절의 운치를 보여줍니다. 이곳을 '물정원'이라 부른답니다.

마지막으로 다섯 번째 정원은 흙이 없는 2평 남짓한 시멘트 바닥의 이층 베란다입니다. 이곳은 동서남쪽이 확 트여 이른 아침부터 오후까지 온종일 햇살이 머무는 곳이라 강한 햇볕과 건조함에 잘 견디는 아이들이 용기(화분) 속의 흙을 대지 삼아 살아가는 '용기 정원'입니다. 이곳에서 여러 가지 화분에 다양한 식물을 심어 이리저리 배열하기도 하고 조합해 보기도 하는 등 여러 형태의 정원을 경험해 보는 연습의 공간이기도 합니다.

이 다양한 공간에서 여러 종류의 수많은 아이들을 수년간 키우다 보면, 자연의 신비, 우주의 신비라는 오묘한 비밀을 간직한 신비로운 일들이 가끔 일어납니다. 이 아이들도 우리들의 삶과 같이 내 집 환경, 주변 환경, 해마다 변해가는 환경과 그 시간과 그 계절에 따라 자신을 스스로 변화시키며 살아가는 우주의 한 생명주체입니다. 같은 식물이라도 토양과 기후에 따라 살아가는 모습 또한 습성과 모습을 단정하기엔 어렵습니다. 단지 꽃과 나무들은 우리네처럼 좋고 싫은 것을 조잘조잘 말하지 않지만, 아주 세심하게 감정을 표현한답니다.

비록 우리들이 쉽게 느낄 수 없는 몸짓이지만, 함께 사랑하고 예뻐하다 보면, 또 습성을 알고 좋아하는 환경을 찾아주면, 이 아이들의 아름다움으로 꽃과 나비, 벌과 새 불러와 그 때 그 시간 그 계절의 아름다움이 가득한 멋진 정원으로 보답합니다.

어김없이 계절이 돌아오고 그 계절, 그 시간, 그 순간의 그 햇살과 그늘과 바람과 비에 신비로운 생명이 움을 틔우고 꽃을 피우며 꽃을 찾아 나비와 벌도 날아들고 어린 새들과 예쁜 새들, 고약하고 시끄러운 새들도 함께 놀러 와, 예쁜 짓 미운 짓 하며 나와 함께 뜰을 만들어 갑니다.

나에게 가장 마음에 와닿는 정원가인 루이스 힐과 낸시 힐(Lewis & Nancy Hill)은 『정원사의 바이블(The flower gardener's bible)』에서 다음과 같이 말했습니다.

많은 것들이 우리를 행복하게 만들지만 단지 며칠과 몇 달일 뿐, 일생이 행복하길 원한다면 가장 좋은 방법은 정원사가 되는 것입니다. (중략) 하나의 건물은 건축가에 의해서 완성되고, 한 권의 책은 저술가에 의해서 완성되지만, 정원은 살아 있기 때문에 완성이란 없습니다. 정원은 가꾸는 순간에도 변화하고 있기 때문입니다. 진정한 정원사는 항상 계획하고, 연구하며, 또다시 변화될 아름다운 순간을 기다립니다. 정원은 우리의 삶과 마찬가지로 아름다운 순간들은 항상 오고가지만, 그 끝없는 변화가 정원을 가꾸는 우리들에게 영원한 흥미를 줍니다.

또 법정 스님은 잠언집에서 다음과 같이 말씀하셨습니다.

우주에 살아 있는 모든 것은 한곳에 머물러 있지 않고 움직이고 흐르면서 변화하며 한곳에 정지된 것은 살아 있는 것이 아니다.
변화의 과정 속에 생명이 깃들고 변화의 과정을 통해 우주의 신비와 삶의 묘미가 전개된다.
만일 변함이 없이 한자리에 고정되어 있다면 그것은 곧 숨이 멎는 죽음이다.

살아 있는 것은 끝없이 변하면서 거듭거듭 형성되어 간다.

봄이 가고 여름과 가을과 겨울이 순환한다.

그것이 살아 있는 우주의 호흡이며 율동이다.

정원은 시간의 예술이라고도 말합니다. 같은 공간, 같은 환경이지만 그 순간의 햇살이 다르고 봄이 오고 여름이 오고 가을과 겨울을 보내며, 그 시간의 아름다움은 단 한 번 지나고 나면 다시 오지 않습니다. 우리의 삶처럼요.

봄을 기다리는 정원에는

예쁘고 탐스러웠던 감들을 새들에게 남김없이 주고, 이제야 허리 펴고 팔 벌려 멋진 모습으로 겨울 하늘 아래 찬바람에도 당당히 서 있는 모습은 이 계절에만 만날 수 있는 나목의 아름다움입니다. 새벽부터 감 먹으러 오는 새들이 그 많은 감들 다 먹고서는 감딱지만 남겨 놓았습니다. 온종일 재잘거리며 신나게 놀던 그 많은 새들이 어디로 먹이 찾아 갔는지, 몇몇 새들만 가끔씩 찾아와 놀고 갑니다.

추위는 떠나지 않고 주변을 맴돌고 있지만 한낮에 스며드는 아련하고 포근한 햇살에 가장 소식이 궁금했던 얼레지 식구들에게 안부를 물어봅니다. 깜깜하고 추운 땅에서 겨울 햇살 충분히 받고 건강하게 살고 있는지 온실 벽면 철쭉나무 아래를 내려다봅니다. 이른 봄이면 연분홍 꽃망울 보듬고 살며시 태어나 다소곳이 고운 꽃 피워 주었던 얼레지가 무슨 영문인지 연약한 잎새만 내밀고 꽃은 피우지 못하고 사라졌지만, 올 봄에는 꼭 다시 만나길 희망하며 내 마음 전해봅니다.

평소엔 무척 극성스러운 새가 긴 겨울 잠에서 깨어나는 만물의 기운을 느끼는 듯 단아한 모습으로 온실 창틀에 앉아 어딘가 바라보네요. 새의 선한 눈빛도 아련히 다가오는 봄을 느끼나 봅니다. 겨울이 늦게 오고 봄이 일찍이 오는 동백과 천리향이 사는 온실에

평소엔 무척 극성스러운 새가 긴 겨울 잠에서 깨어나는
만물의 기운을 느끼는 듯 단아한 모습으로
온실 창틀에 앉아 어딘가 바라보네요.

는 겨울 내내 예쁜 꽃망울 꼭 보듬고서 움츠리고 있던 크리스마스 로스가 다소곳이 고개를 들고서 낭만적인 고운 꽃을 피우려고 허리를 폅니다. 무성한 물망초 사이사이로 이름 모를 풀들이 태어나 꽃을 피우고 실개울에도 새로운 아이들 서로서로 영차영차 앞다투어 태어납니다.

겨울 내내 꽃을 기다리던 동백도 드디어 반짝이는 검푸른 잎새들 품에서 맑고 고운 모습으로 나타났습니다. 여름 끝자락에 올린 녹색 꽃망울 긴 겨울 동안 꼭꼭 보듬고 꽃 문을 열지 않던 동백이 드디어 2월 중순 눈 내리는 날 새빨간 꽃 한 송이를 피우려고 꽃 문을 열고 있습니다. 모습이 참으로 예쁘고 귀엽습니다. 잔뜩 움츠리고 있던 철쭉들도 어느새 물이 올라 창으로 들어오는 아련한 햇살을 담아 연둣빛으로 봄을 띠고 있습니다.

노루귀가 활짝 피었습니다. 너무나 작은 꽃이기에 가까이 다가가 무릎 굽혀 머리 숙여 보지 않으면 이 예쁜 모습을 볼 수가 없습니다. 아주 오래전 사라졌던 현호새가 다시 태어나 연한 하늘빛 조그만 꽃을 반갑게 피워냅니다. 한겨울 추위에도 아랑곳하지 않고 소담스럽게 자라난 강인한 물망초는 연분홍 꽃망울을 키우며 하늘빛 꿈을 담고, 내 사랑 천리향도 살포시 꽃을 피웁니다. 창을 열면 천리향 향기가 가득합니다. 천리향 꽃향기가 하도 좋아 창문을 활짝 열어 두었더니 동네 벌들이 동백꽃으로 모여 윙윙거리며 꿀을 모으고 꽃가루를 돌돌 뭉치고서 신나게 돌아다닙니다.

긴 겨울 동안 꼭꼭 보듬고 꽃 문을 열지 않던 동백이
드디어 2월 중순 눈 내리는 날 새빨간 꽃 한 송이를 피우려고
꽃 문을 열고 있습니다.

그중 욕심 많은 한 녀석은 다리 양끝에 노란 꽃가루를 동글동글 예쁘게 뭉치고서 활짝 핀 다른 꽃들은 마다하고, 미처 꽃잎을 펼치지 않은 꽃봉오리 속으로 짓궂게 들어가려다 넘어지고 미끄러지고 야단입니다. 이 녀석은 욕심이 과하면 화를 입는다는 이치를 아직 모르는 모양입니다. 어느 세상이나 이런 녀석이 꼭 있기 마련인가 봅니다.

3월의 정원은 나만을 위한 정원입니다. 작고 소박한 모습이라 다른 이들에게는 쉽게 보이지 않거든요. 머리를 숙여 가만히 들여다보아야만 보이는 조그만 꽃들이 하루하루가 다르게 움트며 겨울 동안 비워 있던 뜰을 채우고 작은 꽃들이 꽃을 피우고 있습니다. 참 귀하고 신비로운 모습입니다. 노루귀도 피었습니다. 살며시 다가가서 살펴봐야만 겨우 볼 수 있는 분홍색 꽃입니다.

3월의 햇볕, 바람, 비, 구름은 물론 추위조차 하루가 다르게 정원의 모습을 만들어가고 있습니다. 이 모든 것이 그냥 고맙습니다. 해마다 같은 전경 같지만 나에겐 항상 새로운 모습으로 다가옵니다. 이제 또 다시 나의 정원 일이 시작됩니다.

작은 대문 옆 소나무 아래 작은 언덕에는 샛노란 꽃잎을 활짝 펼친 아이, 꽃을 피우려고 하는 아이, 아직도 꽃을 피우지 못한 아이 모두 모여서 운치 있게 늘어진 소나무와 어우러져 노란 복수초가 피는 조그만 언덕 마을을 이루었습니다. 오래전 돌담장에 심고

욕심 많은 한 녀석은 다리 양끝에 노란 꽃가루를 동글동글 예쁘게 뭉치고서
활짝 핀 다른 꽃들은 마다하고, 미처 꽃잎을 펼치지 않은 꽃봉오리 속으로
짓궂게 들어가려다 넘어지고 미끄러지고 야단입니다.

작은 대문 옆 소나무 아래 작은 언덕에는 샛노란 꽃잎을 활짝 펼친 아이,
꽃을 피우려고 하는 아이, 아직도 꽃을 피우지 못한 아이 모두 모여서 운치 있게
늘어진 소나무와 어우러져 노란 복수초가 피는 조그만 언덕 마을을 이루었습니다.

이곳에도 심어 둔 조그만 복수초들이 따사로운 봄이 내려앉을 즈음 어김없이 나타나 제일 먼저 샛노란 봄빛을 펼쳐줍니다. 돌 틈에 사는 아이들은 해마다 건강하게 태어나 꽃을 피우고 사라지지만, 유독 소나무 아래에서는 한 해 두 해 지나면서 식구를 늘려가고 있습니다. 조금씩 식구들이 늘어가는 모습이 무척 기특하고 예뻐 보입니다. 일반적으로 소나무 가까이에서는 송진 때문에 토양이 산성화되어 이런 환경을 좋아하는 철쭉을 제외하고는 쉽게 살아가기 힘들다고 합니다. 그러나 유독 이곳에서 조금씩 식구를 늘리며 건강하게 태어나 꽃을 피우는 복수초가 참 대견합니다.

아직도 잠을 자고 있는 늦잠꾸러기 감나무 아래에는 한겨울에도 녹색 옷을 입고 늘어져 있던 수호초가 그리 곱지 않은 조그만 미색 꽃망울 가득 단 꽃줄기를 똑바로 세우고서 꽃을 피우려 하고 있습니다. 크리스마스로즈도 다소곳이 고개를 숙이고 낭만적인 꽃을 피워내고 있습니다. 식구들을 많이 데리고 피어났습니다. 물론 산나리도 아주 무성하게 태어나고요.

며칠 전 빨가숭이처럼 태어난 깽깽이풀도 갑자기 더워지는 봄날에 정신이 없는 듯 쑥쑥 자라더니 며칠 사이 솟아올랐습니다. 아침에 연보랏빛 꽃망울을 길게 내밀어 반갑게 인사하더니 돌아서서 몇 시간이 지난 오후에는 벌써 꽃이 활짝 피었습니다.

아리따운 깽깽이풀의 섬세함을 보세요. 얼마나 섬세하고 예민한지 같은 돌담장 아래 태어났지만 겨우 한 뼘 정도 차이가 나는

아리따운 깽깽이풀의 섬세함을 보세요.
얼마나 섬세하고 예민한지 같은 돌담장 아래 태어났지만
겨우 한 뼘 정도 차이 높고 낮은 바위 아래서 꽃을 피우는
꽃빛과 잎새가 다르고 키도 다릅니다.

높고 낮은 바위 아래서 꽃을 피우는 꽃빛과 잎새가 다르고 키도 다릅니다. 내가 보기엔 햇볕과 그늘의 양이 그리 차이가 나지 않지만, 이 아이들에게는 큰 차이가 나나 봅니다. 조금 높은 돌담 아래 자란 아이는 낮은 돌담 아래서 사는 아이보다 햇볕을 더 받으려고 실 같은 가냘픈 꽃줄기로 키를 키우며 푸른빛이 감도는 보랏빛 우아한 모습으로 꽃을 피우고 있습니다. 참으로 귀엽고 신비롭지요. 깽깽이풀, 물망초, 금창초 같은 봄꽃이 하나둘씩 무리 지어 피고, 친구가 멀리서 보내준 할미꽃도 피었습니다. 봄날이 떠나기 전에 싹을 틔우고 꽃을 피우고 씨를 만들어 자손을 퍼뜨려야 모든 소임을 다하는 삶이라, 하루 해가 너무 짧고 하루하루가 바쁘답니다.

좁은 자리에서 고생하고 있는 우리집 모과나무도 올해는 제법 많은 꽃망울을 맺었습니다. 잠꾸러기 감나무도 이제야 실눈을 살며시 열면서 연둣빛 움을 내밀고, 놀러 온 새소리도 참 정겹습니다. 하루가 다르게 무럭무럭 자라나 연둣빛 잎새 사이로 여기저기서 고운 꽃들을 피우는 곱고 사랑스러운 4월의 앞뜰 풍경이 참 정겹습니다.

물망초가 여기저기서 하늘빛 꿈을 펼치며 꽃을 피우고 있습니다. 물망초 틈에 있는 듯 없는 듯 조용히 노란 꽃을 피우고 있는 노랑 할미꽃, 자줏빛 꽃을 피우고 있는 자주 할미꽃, 감나무 아래 작은 동산에서는 여름 끝자락에 꽃을 피우는 아네모네가 무리를 지어 태어나 작은 촌락을 이루었습니다. 바로 그 옆에 금낭화도 다소곳이 고개를 숙이고서 꽃을 피우고 있습니다.

주변 아이들에게 피해를 주며 극성스럽게 살던 산나리도 조금 손질해 주었더니, 이젠 제법 의젓하고 당차게 살고 있습니다. 산나리 옆에서 반가운 아이를 만났습니다. 이른 봄부터 찾았건만 보이지 않아 못내 아쉬웠던 아케네시아가가 제법 예쁜 모습으로 태어나 살고 있었습니다. 얼마나 반갑고 고마웠던지, 왕성한 산나리들 기세에 조금은 눌린 듯하지만 그래도 산나리 못지않게 무척 강건한 아이들이라 한여름 건강한 모습으로 꽃을 피우리라 기대해 봅니다.

온실에도 아련한 하늘빛 꿈을 담은 물망초가 원도 한도 없이 마음껏 꽃을 피우며 하늘빛으로 물들었습니다. 동네 벌들이 물망초 꽃빛따라 꿀 따러 와 물망초 주변으로 윙윙거리며 꽃놀이를 하고 있습니다. 참 예쁘고 귀여운 모습이지요. 독일 전설에 따르면, 옛날 도나우강 가운데 있는 섬에서 자라는 이 꽃을 애인에게 꺾어 주기 위해 한 청년이 그 섬까지 헤엄쳐서 갔다가 꽃을 갖고 돌아오다 그만 급류에 휩말려 들고 있던 꽃을 애인에게 던져 주면서 '나를 잊지 말라'는 한마디를 남기고 죽었다고 합니다. 애틋한 꽃말을 지닌 유명한 물망초 꽃이랍니다. 이 애틋한 아이는 온실 속에 언제 심었는지, 아니면 제 스스로 날아 와 터를 잡았는지 알 수 없지만 무성한 '천사의 눈물'(솔레이롤리아)과 빈카가 사는 온실 바닥 이곳 저곳에서 해마다 여름이 끝날 무렵 태어나 강인한 생명력으

로 한겨울 추위에도 건강하게 초록 융단을 깔아 놓습니다. 바로 이곳에 붉은 홑동백이 한바탕 꽃을 피우고선 고운 모습 그대로 떨어진 낙화와 빨강 노랑 앵초랑 어우러져 연둣빛 융단에 노란빛, 진분홍빛, 보랏빛, 새빨간빛 꽃자수를 제멋대로 놓았습니다.

연이어 소담스럽게 자라난 물망초가 연둣빛 잎새들 품에서 하늘빛 고운 꽃들을 옹기종기 피워 냅니다. 사월이 지나가는 지금 물망초가 앞으로 옆으로 위로 팔을 벌리며 하늘빛 물감을 풀어 놓은 듯 물망초 꽃으로 사월의 아름다움을 한껏 발휘하고 있는 숲 속에서 반가운 작은 아이를 만났습니다. 애기누운주름 잎이 고운 보랏빛 꽃을 피우며 나를 맞이합니다. 너무 반가워 조그만 개울가에 쪼그리고 앉아 한참 동안 그동안 힘들게 버틴 이야기를 나눕니다. 작년 이맘때에는 이곳에서 군락을 이루며 살았던 아이들입니다. 여름 한더위에 모두 죽은 줄 알았는데, 그 해 한두 녀석이 실처럼 가느다란 줄기로 다시 살아났습니다. 무척 반가웠지만 온실 바닥을 제집처럼 휘젓고 다니는 천하무적 천사의 눈물들 틈에서 도저히 견뎌낼 여력이 없어 보였습니다. 대견하게도 이렇게 건강하게 살아서 꽃도 잘 못 피우는 무성한 물방울 틈에서 곱게 꽃을 피우고 있네요. 세상의 모든 아이들도 이처럼 힘든 세상살이 잘 견딜 수 있는 강인함을 닮으면 걱정이 없겠습니다.

이 작은 숲 속에 물망초의 아련한 하늘빛 아름다움은 서서히 사라지고 자유롭게 흐드러지게 씨 달고서도 꽃을 피워내니 이젠 온

동네 벌들이 물망초 꽃빛따라 꿀 따러 와
물망초 주변으로 윙윙거리며 꽃놀이를 하고 있습니다.

실을 어수선하게 만들어버렸습니다. 어쩐지 걷어 내기가 미안해 침을 때까지 참고서 더 이상 버티지 못해 한두 그루 남겨 두고 모두 화분에 옮겨 심어 햇살 가득한 넓은 앞뜰로 데리고 나왔습니다. 때마침 앞뜰에서 막 꽃을 피우는 물망초는 분홍빛 앵초, 매발톱 꽃들과 어우러져 연둣빛 고운 봄날을 맞이합니다.

거실 앞 작은 뜰에도 봄날이면 사랑스런 로벨리아를 따라 어김없이 팔랑이며 나타나는 하얀 나비 한 마리가 놀러 왔습니다. 오늘도 어제도 그제도 매일 놀러옵니다. 온 정원을 팔랑이며 순회를 하다가 마지막으로 연분홍빛 로벨리아꽃에 앉아 쉬고 갑니다. 참 오래도 쉬고 있습니다. 가냘픈 몸으로 날갯짓을 하며 모든 꽃들에게 날아가 이야기하고 다니려면 꽤 힘이 들겠지요. 누구에게만 가고 누구에게는 들리지 않으면 많이 섭섭할 테니까.

나도 이 꽃들 돌보려고 아래 위층 오르고 내리고 하다 보면 하루해가 다 갑니다. 오늘도 어김없이 하늘거리며 순회하듯이 이 꽃 저 꽃으로 하늘거리며 날아다니다 로벨리아에 앉았습니다. 난간 위에서 귀여운 초화가 흙도 거의 없는 수반에 스스로 터를 잡아 햇살 고운 봄날에 가냘픈 긴 꽃줄기 올리고 분홍 꿈 한들거리며 이 봄을 한껏 즐기고 있네요.

바로 그 결 작은 뚝배기 수련 통에 어린 새가 놀러 와 물 먹고 수련 통에 팔랑 들어가 목욕하는 예쁜 모습을 만났습니다. 그러고 보니 수련이 꽃을 피우지 못하는 이유가 저 녀석 때문이라 의심이

애기누운주름잎이 고운 보랏빛 꽃을 피우며 나를 맞이합니다.
너무 반가워 조그만 개울가에 쪼그리고 앉아
한참 동안 그동안 힘들게 버틴 이야기를 나눕니다.

거실 앞 작은 뜰에도 봄날이면 사랑스런 로벨리아를 따라
어김없이 팔랑이며 나타나는 하얀 나비 한 마리가 놀러 왔습니다.

분홍 꿈을 한들거리며 이 봄을 즐기는 귀여운 초화.

작은 뚝배기 수련 통에 어린 새가 놀러 와 물 먹고
수련 통에 팔랑 들어가 목욕하는 예쁜 모습.

됩니다. 비록 수련이 꽃은 피우지 못해도 얼마나 신기하고 귀여운 풍경인지 도심 속 작은 뜰에서 생애 처음 보는 예쁘고 감동적인 순간을 만나니 가슴이 뜁니다. 난간 아래에는 새침한 줄기장구채가 분홍빛 꽃을 도란도란 곱게 피우고 귀여운 로벨리아도 올망졸망 푸른 꽃, 진분홍 꽃을 펼치며 작은 새들 불러모아 온종일 새소리 가득합니다.

오늘은 우리 예쁜 손녀딸 혜빈이가 온다기에 새들이 노는 모습을 보여 주고 싶어 머리를 좀 썼습니다. 묵은 쌀을 조금 가지고 와서 새 먹이통에 잔뜩 넣어 두었습니다. 많은 새들이 모이를 보고선 순식간에 몰려왔습니다. 이 새들은 우리네 삶보다 훨씬 좋아 보입니다. 좋은 것도 사이좋게 나누어 먹나 봅니다. 이렇게 재미있게 온종일 먹고 놀다가 해만 지면 아무리 맛있는 음식이 있어도 모두 제 둥지로 날아가 버립니다.

때마침 앞뜰에는 귀여운 조개나물도 보랏빛 꽃을 피워 빨강, 노랑, 분홍 꽃을 피운 여러 아이들과 옹기종기 함께 있는 모습이 참 정겹습니다. 우리도 자신의 모습을 잃지 않고서도 서로서로 어울려 정답게 살면 참 좋겠습니다. 이 모두가 앞뜰에서 살아가는 소중한 생명들이 만들어 준 축복의 시간, 아름다운 날들입니다. 늦잠꾸러기 감나무도 하루해가 너무 짧은 듯 바쁘게 어린 잎새들 키우며 연둣빛 아름다움을 한껏 펼쳐냅니다.

사월이 가고 오월이 오는 길목에 한 송이 샤스타데이지(샤스타국화)가 대문 자물쇠 틈 사이에 묘하게도 앉았습니다. 이 계절의 꽃이 새하얀 꽃망울을 열었습니다. 해마다 5월이면 새하얀 꽃물결이 시작되었지만 10년이면 강산도 변하듯이 극성스런 이질풀에게 밀려서 점점 앞뜰에서 밀려나고 있는 중이랍니다. 더 이상 밀려나지 않도록 겨울이 채 물러가지도 않은 이른 봄날부터 신나게 이질풀을 뽑았지만, 한번 터를 잡은 이 녀석들은 극성스러워 쉽게 물러나지 않을 태세입니다. 잎도 꽃도 귀여워 그냥 두었더니 이질풀의 극성엔 두 손 두 발 다 들었습니다. 그러나 이 강인한 샤스타데이지도 쉽게 물러나지 않고 오월의 푸르름 속에서 정원 가득 새하얀 꽃물결을 이루며 한아름 피었습니다. 샤스타데이지는 지금 정원을 만들 때 화원에서 두어 포기 선물로 받았는데, 여러해살이풀로 프랑스 들국화랑 동양의 섬국화를 교배하여 태어난 키다리마가렛(데이지)꽃 같은 아이랍니다. 동서양의 특성과 풍토를 담아 한겨울 뜰에서도 완전히 사라지지 않고 녹색 빛이 은근히 남아 강건하고 끈질기게 살아갑니다. 추위에 강하며 햇볕이 잘 들고 배수가 잘되는 곳이면 토양을 가리지 않고 잘 자라는 참 무던한 예쁜 아이입니다.

봄꽃이 하나둘씩 사라질 무렵 반가운 아이리스(붓꽃)가 돌담 느티나무 아래서 살며시 피어납니다. 언제나 한두 송이 살며시 피었다 사라져가는 그 모습이 귀한 손님 같은 꽃입니다. 그러나 우리 아버지 먼길 떠나시는 날 동생 꿈에 나오셔서 붓꽃 한 송이를 들고 참 예쁘다며 어디에 심겠다고 하신 후에, 이 꽃을 볼 때마다 아

버지가 더욱 그리워집니다.

해마다 화창한 오월 느티나무 아래 고고히 한두 송이 살며시 피었다 사라지는 그리움의 붓꽃. 그러나 해가 가고 세월이 흘러 붓꽃 곁에 살고 있는 느티나무가 너무 많이 자라 정신없이 펼쳐내는 어수선한 가지들과 무성한 잎새들을 더 이상 감당할 수가 없어, 결국 나무를 보내야 했습니다. 느티나무 그늘에서 벗어난 붓꽃은 제 세상 만난 것처럼 처음 심을 때 상상했던 그 아름다움을 이제야 펼쳐내며 햇살 가득한 돌담 주변에서 이른 봄날부터 요기조기 연둣빛 잎을 가득 내밀고 오월의 푸름에 신비로운 꽃을 풍성하게 펼쳐냅니다.

겨우내 온실에서 추위를 피해 있던 체리세이지도 오월의 햇살 속에서 새빨간 귀여운 꽃을 펼쳐내며 샤스타데이지랑 어우러져 한바탕 꽃잔치를 펼칩니다. 감나무도 어린 시절 꽃반지와 꽃목걸이를 만들었던 추억의 감꽃을 살며시 피우며 녹음이 우거져 갑니다.

잡초조차 귀여운 예쁜 날들이 서서히 지나가고, 무성해지는 녹색 물결 속에서 눈치도 없이 신나게 자라는 잡초를 제거해야 하는 날들이 시작됩니다. 이맘때면 어김없이 나타나는 말썽꾸러기 마삭줄이 기다란 줄기 사이로 고운 향기 살살 풍기며 해맑은 웃음으로 꽃이 피었다고 알려줍니다. 요 녀석은 이때만큼은 참 예쁘고 귀엽습니다. 평소엔 너무나 건강하고 원기 왕성해 온실 담장으로 올라가는 것도 모자라 온실 앞에서 편히 누워 있는 향나무 속으로

사월이 가고 오월이 오는 길목에 한 송이 샤스타데이지(샤스타국화)가
대문 자물쇠 틈 사이에 묘하게도 앉았습니다.

봄꽃이 하나둘씩 사라질 무렵 반가운 아이리스(붓꽃)가
돌담 느티나무 아래서 살며시 피어납니다.

들어가 향나무가 숨이 막힐 정도로 괴롭히고, 그것도 모자라 온실 창틈으로도 기어들어 갑니다. 그 짓궂은 모습에 지친 나는 이 녀석들 꽃만 피우고 나면 두고 보자고 벼르고 있었는데, 고운 향기와 해맑은 웃음으로 내 마음 살살 달래고 있습니다. 향긋한 마삭꽃 향기가 정원에 가득합니다.

으아리가 참 예쁘게 꽃을 피우며 창살을 타고 오릅니다. 온실로 처음 온 이 아이가 꽃잎을 펼쳐낼 땐 아뿔싸 가슴이 덜컹했습니다. 온실 크기에 비해 꽃이 너무 크고 빛깔이 화려해, 다른 식구들과 어울리기에 무리가 있을 것 같았습니다. 다행히 내 마음을 알아차린 듯 화려하고 커다란 보라색 꽃이 피었지만 온실 꽃들과 어울리지 않고 모두 밖으로 나와 햇볕만 바라보고 하늘로 올라가기만 합니다. 아침 햇살을 받아 은은하고 곱게 빛나는 그 뒷모습이 꼭 나에게 삐친 모습처럼 보입니다. 그 모습이 하도 귀엽고 예뻐서 틈틈이 밖으로 나와 쳐다봅니다. 그러나 여전히 그 화려한 얼굴은 보여주지 않습니다.

으아리가 창을 타고 올라가는 온실에는 해마다 피어나는 철쭉꽃이 한 송이 두 송이 꽃 문을 열더니 어느 날 자고 나니 온실 연못 주변으로 분홍 철쭉꽃이 한가득 피어 분홍빛으로 물들었습니다. 이 모습은 언제나 한결같지만 나에게는 늘 반갑고 새롭고 정겹습니다.

초봄에 심어둔 주황빛 양귀비와 귀여운 팬지들이 끊임없이 꽃

을 피우고 진분홍빛 사피니아도 화분에 넘쳐 흘러내리듯이 흐드러지게 피었습니다. 알록알록 화려한 꽃무리 속에서 하얀 나비 두 마리가 정답게 날아다니다 풀밭에서 사랑놀이도 하고 여유롭게 산책을 합니다. 화분 속엔 봄날에 데려온 델피니움, 한련화, 물망초, 제라늄, 안젤로니아, 코스모스가 한창 피었습니다. 알록달록 고운 꽃빛 속에 꽃잎 돌돌 말아 관을 만든 코스모스가 보이나요? 참 신기하지요! 분명 올 땐 이런 모습이 아니었는데 화가 난 자연이 요술을 부렸나 봅니다. 관 하나씩 뽑아서 아기 천사처럼 꽃나팔을 불어보고, 아카시아꽃처럼 꿀이 있다면 빨아 먹어 보고 싶기도 하네요.

봄날에 데려온 델피니움, 한련화, 물망초,
제라늄, 안젤로니아, 코스모스가 한창 피었습니다.

산나리와 도라지꽃이 피는
여름날 정원

에고!! 결국 이 비에 산나리가 피었습니다. 가련하게도 이 아름다움 상할까 조금만 참으라고 해도 어쩔 수가 없네요. 맑고 좋은 날이 그리 많았는데, 굳이 비가 많이 내리는 날 꽃 문을 열어야 했는지 이 꽃의 마음 다 헤아릴 순 없지만 그저 딱할 뿐이랍니다. 이곳저곳 지천으로 솟아올라 주변 식물들을 괴롭혔던 우리집 구박덩이 산나리가 7월의 무성한 녹색 물결 속에서 화려한 빛으로 꽃을 피우기 시작하였습니다. 해마다 이맘때면 한여름 날의 풍요로움을 보여주듯이, 여름을 닮은 주황빛 나리꽃의 아름다움은 7월의 무더위 속에서도 황홀합니다. 하지만 이 아이의 애꿎은 운명은 꽃이 피면 어김없이 장마가 뒤따라옵니다. 해마다 멋진 모습 펼치자마자 따라오는 장마에 아름다운 모습은 빗속으로 사라져버려 애처롭습니다. 우리집 산나리꽃의 아름다움을 바라볼 때면, 어릴 때 아버지랑 엄마랑 손잡고 할아버지 산소 가는 길에 본, 나리꽃이 핀 산언저리가 아득히 떠오릅니다. 수많은 추억이 꼬리를 물어 날개를 달고 바로 그 날 그 때의 아련한 그리움 속으로 나를 데려갑니다.

마삭줄이 뒤덮고 오르는 빛바랜 온실 벽면에는 알록달록 쪼그만 꽃들 모여 담은 사랑스런 꽃과 독특한 향기로 나비를 부르는

에고!! 결국 이 비에 산나리가 피었습니다.

귀여운 아기새도 잠시 나타난 햇볕이 반가워 햇살맞이를 하네요.

란타나와 산나리가 얼기설기 어우러져 사이좋게 예쁜 전경을 만들어갑니다. 추위에 약한 란타나는 한겨울 거실에 비친 희미한 햇살에 비실비실해졌습니다. 날이 풀리자 어설퍼진 란타나를 데리고 나와 대충 잔가지를 정리하고 심어 주었더니, 어린 가지들 신나게 죽죽 내밀어서 건강하게 자라 알록달록 고운 꽃을 피우며 온실 벽면 따라 하늘 높이 예쁘게 올라갑니다. 란타나는 추운 겨울 영하의 날씨가 올 때까지 아름다운 모습을 보여주니 원래 이곳에 사는 강인한 식물인 줄 압니다.

빗소리에 요란한 새소리가 예사롭지 않아 밖을 내다봅니다. 초록 빗방울 올려둔 무성한 감나무 잎 사이에서 새들이 장맛비를 즐기는 철없는 개구쟁이처럼 조잘거리며 즐겁게 놀고 있습니다. 이젠 한바탕 만개했던 산나리들은 꽃잎을 떨어뜨리며 먼 길 떠날 차비를 하네요. 함께 왔던 비도 이제 데려가면 참 좋겠습니다. 애타게 기다렸던 비지만, 그 비가 또 다른 고통을 주고 있네요. 귀여운 아기새도 잠시 나타난 햇볕이 반가워 햇살맞이를 하네요. 무엇이 저리 궁금할까요? 햇볕이 데워준 검은 난간에 올라앉아 호기심 가득한 세상에 신기한 것이 참 많은가 봅니다. 아직은 순진무구해 다행히 가까이 다가가도 날아가지 않고, 엄마 한 번 불러 보고 친구도 불러 보고 한참 놀다 갔습니다.

도라지꽃의 아름다움을 어찌 표현할까요? 긴 꽃줄기 쭉 내밀어 꽃망울 옹기종기 달고서 작은 바람이라도 불면 쓰러질 듯 하늘거리는 도라지가 새하얀 꽃을 고고하게 피워냅니다. 여린 가지 끝에 꽃망울 희미하게 달고서 꽃이 필 듯 말 듯 겨우겨우 견디다 신기하게도 7월이 되면 어김없이 꽃 문을 엽니다. 오래전 우리 아버지께서 꽃이 참 예쁘다며 도라지 한 뿌리를 들고 오셨기에 앞뜰 동산 아래 햇살 가장 많이 비치는 곳에 심어 두었습니다. 그 새하얀 도라지꽃이 핀 뜰에서 생전에 아버지께서 그렇게도 애지중지하셨던 외손녀가 외할아버지 생각에 또 웁니다. 그 외손녀가 외국에서 오면 언제나 한걸음에 달려오셨던 우리 아버지, 아무런 기미도 없이 갑자기 돌아가신 황망함과 아쉬움과 그리움에 우리는 오랫동안 참 많이도 울었습니다. 도라지꽃 다소곳이 고개를 숙이고 곱게 피어날 때면, 어렵고 무서웠던 아버지가 더욱 그리워지는 한여름입니다.

참 강인하고 끈질긴 이질풀이 곱게 꽃을 피우고 있습니다. 이름이 예쁘지 않은 이질풀, 초대받지 못한 강인한 잡초이지만 나에겐 미운 잡초가 아닌 한여름에 고운 꽃을 피워내는 귀여운 아이입니다. 언제 어디서 왔는지 하나둘씩 귀여운 잎들 달고서 태어나 꽃을 피우는 모습이 귀여워 그냥 두었더니 아예 앞뜰 바닥을 모두 제집처럼 차지하고선 한여름 녹색 융단을 펼쳐 놓았습니다. 다른 아이들 너무 더워 넋 놓고 흐늘거리는 날에 생글거리며 쪼그마한 분홍 별 꽃을 쏟아내고 있습니다. 유난히도 길었던 장마와 말복이 지나도 무더위가 지속되는 이 여름날 정원에는 조그만 회색 나비,

도라지꽃의 아름다움을 어찌 표현할까요?
긴 꽃줄기 쭉 내밀어 꽃망울 옹기종기 달고서 작은 바람이라도 불면
쓰러질 듯 하늘거리는 도라지가 새하얀 꽃을 고고하게 피워냅니다.

이름이 예쁘지 않은 이질풀, 초대받지 못한 강인한 잡초이지만
나에겐 미운 잡초가 아닌 한여름에 고운 꽃을 피워내는 귀여운 아이입니다.

하얀 나비 들이 놀러와 여유롭게 이 꽃 저 꽃에서 예쁜 모습 보여주고 있습니다. 며칠 전에는 호랑나비 한 마리가 정원에 놀러 와 란타나꽃에 앉았습니다. 에고 챙피해! 한참 동안 쳐다보고 내려다보고 가까이 다가가 보아도 이 아이들은 부끄러운 줄도 모르고 서로 사랑놀이한다고 쳐다보는 사람에겐 전혀 관심이 없습니다. 이 계절 이 시간은 지나가면 다시 오지 않은 소중하고 행복한 시간되길 바라며 살며시 자리를 비켜주었습니다.

한낮의 무더위가 기승을 부립니다. 열대야에 시달려 서늘한 바람 맞이하러 어디론가 훨훨 날아가고 싶지만 선풍기 앞에 가만히 누워 있노라면 어스름한 초저녁부터 풀벌레들의 애잔한 울음소리가 아련히 들려옵니다. 서로서로 나 여기 있다고 화답하면서 밤새도록 울어댑니다. 벌써 가을이 오나 봅니다. 감나무 아래에는 키가 큰 아네모네(추명국)가 기다란 꽃대를 올리고 꽃망울들 소담스럽게 달고 가을을 맞이하려 합니다. 오늘 아침 이른 새벽에는 새들이 한바탕 놀아대는 요란한 소리에 새벽잠이 깼지만, 한여름 새벽공기 속에 스며든 요란한 새소리가 무성한 녹색 잎새들처럼 신선하고 상쾌합니다. 까치들과 새소리의 요란한 놀이 속에서도 화음을 맞추는 듯 나지막이 들려오는 풀벌레 소리가 애잔하게 젖어듭니다.

초대하지 않아도 나의 정원으로 언제나 자유로이 찾아오는 새들과 나비와 은은하게 들리는 작은 풀벌레 소리가 여름날 더위에

도 땀 흘리며 돌봐야 할 정원의 많은 일들을 일상의 소소한 즐거움으로 바꿔주며 풍성한 삶을 누리게 합니다. 밤늦도록 화음을 맞추며 울어대는 풀벌레들의 애잔한 소리가 요란합니다. 곧 가을이 성큼 우리 곁에 다가올 듯합니다. 절대로 물러서지 않을 것 같았던 그 무더웠던 더위도 계절의 흐름에 어쩔 수 없이 가시고 활짝 열어 두었던 창문을 새벽에는 닫았습니다. 앞뜰에는 어린 시절 보았던 소금쟁이, 여치, 거미 등 이름 모를 곤충들과 가끔씩 날아오는 벌과 나비들이 한가로이 놀고 있습니다. 뜰이 좀 어수선해 보여 가위질을 하고 싶지만, 이 아이들 숨고 놀 수 있는 조그만 풀숲이 있어야 할 것 같아 참아봅니다.

나비바늘꽃(가우라)이 이제야 아름다움을 마음껏 펼쳐내고 있네요. 참 오랜만에 만나는 고운 풍경입니다. 한 달 전까지도 머리 풀고 날 잡아 가라는 듯 떼를 쓰고 엎어져 있던 모습이 참 가관이었습니다. 잡초들보다 더 극성스럽게 덩치를 키우며 자라 주변 식물들 괴롭히며 사는 그 모양새로는 도저히 고운 바늘꽃이 될 것 같지 않아 가위를 수십 번 들었지만, 요 녀석 꽃이 하도 곱고 그리워 그냥 두고 보았습니다. 참 신기하게도 말복이 지나가자 언제 이 많은 꽃망울 만들었는지 마법처럼 살랑거리며 꽃을 피워내는 모습에 예쁘다며 살살 만져주니 참고 기다려 줘서 고맙다고 재롱을 피웁니다. 나는 구박해서 미안하다고 마주보며 서로 위로하며 응원합니다.

나비바늘꽃(가우라)이 이제야 아름다움을 마음껏 펼쳐내고 있네요.

체리세이지도 서늘해진 날씨에 다시 생기를 찾아 풍성하게 꽃을 피우기 시작했습니다. 해마다 봄부터 늦가을까지 정원에서 귀여운 발레리나가 춤을 추듯 날아오르며 꾸준히 꽃을 피우던 고운 아이들이지만, 제대로 관리 못해 떠나보내고 다시 데려온 빨간 꽃을 피우는 체리세이지랍니다. 이 꽃은 란타나처럼 거름과 물을 꽤 좋아해 건조한 환경과 거름을 싫어하는 바늘꽃과는 전혀 맞지 않아 같은 공간에서 서로 어우러져 살기엔 어려움이 많았습니다. 월동이 되지 않은 란타나와 체리세이지는 화분에서 살고 있고 바로 그 옆 땅에선 바늘꽃이 살고 있습니다. 습한 환경을 좋아하지 않는 바늘꽃은 둘 화분에서 자연스럽게 흘러나오는 거름과 물을 싫어도 먹어야 합니다. 그러니 가냘픈 몸매로 하늘거리는 바늘꽃의 매력적인 모습은 사라지고 날로 비대해져 몸도 가누지 못하고 아예 드러누워 버립니다. 해마다 되풀이되는 풍경이지만 바늘꽃의 매력과 끈질긴 내 욕심이 더해져 행여나 하는 마음으로 미련스럽게 봄이면 심고 또 심어, 결국 여름까지 견디지 못하고 잘라 버리길 반복하다 숨 한 번 크게 쉬고 눈 감은 듯 보고도 못 본 척 참았습니다. 그랬더니 마법처럼 나타난 이 아름다움이 인내의 축복인 듯합니다. 요 세 아이들은 영하 5~6도 초겨울 날씨까지 꽃이 핀 상태로 화려하게 견뎌냅니다. 영하 7도의 추위에 결국 바늘꽃은 사라지고 화분에 사는 란타나와 세이지만 온실로 피신을 갔다가 봄날에 다시 이곳으로 나옵니다.

해마다 봄부터 늦가을까지 정원에서 귀여운 발레리나가 춤을 추듯 날아오르며
꾸준히 꽃을 피우던 고운 아이들이지만, 제대로 관리 못해 떠나보내고 다시
데려온 빨간 꽃을 피우는 체리세이지랍니다.

거실 앞 작은 뜰에는 사랑스런 마타피아(*Jatropha integerrima*)가 이 제서야 재작년 겨우 살아나 건강한 모습으로 제철을 만나 신나게 잎을 펼쳐내며 꽃을 피우고 있네요. 죽음에서 다시 살아난 기쁨으로 마타피아꽃 그늘 아래 쪼그리고 앉아 물을 듬뿍 줍니다. 어느 날 연로하신 시어머니와 젊은 며느리가 우리집 앞을 지나가다 정원에 있는 마타피아를 보셨나 봅니다. 그 시어머니는 마타피아꽃에 반해 무작정 우리집으로 들어오려고 하고, 이를 말리고 있는 며느리를 때마침 만났습니다. 나는 얼른 시어머니를 집으로 모시고 들어왔습니다. 어르신은 정원에 여러 꽃들 이름을 물으시고 꽃을 참 좋아한다고 했습니다. 너무나 좋아하시는 해맑은 모습에 나도 덩달아 이런저런 꽃 이야기로 정담을 나누었습니다. 꽃을 보고 싶으시면 언제든지 들어오시라며 대문은 항상 열려 있다고 말씀을 드렸지요.

청초한 로벨리아가 참 예쁘고 대견한 모습입니다. 한여름 더위와 오랜 장마에 잠시 피신시켜 주었더니 신통하게 살아남아 만지면 사라져 버릴 듯 가냘픈 실줄기 길게 늘어뜨리며 날아갈 듯 귀여운 고운 꽃 하나둘 달고서 풀벌레 소리 가득한 뜰 난간 위에서 햇살을 맞이합니다. 너무나 섬세해 더욱 아름답고 사랑스러워 오래오래 함께하고 싶습니다. 하지만 나의 뜰에선 아무리 정성으로 보살펴도 가끔 작은 씨앗 하나둘 남겨두고 바로 그 해에 가버리는 야속한 아이입니다.

청초한 로벨리아가 참 예쁘고 대견한 모습입니다. 너무나 섬세하고 예민해
더욱 아름답고 사랑스러워 오래오래 함께하고 싶은 아이랍니다.

풀벌레 소리에 묻어오는 가을

한낮의 햇볕은 무덥고 따갑지만 밤새도록 울어대는 풀벌레 소리와 아침저녁으로 불어오는 서늘한 바람에 추명국(키다리아네모네)이 매혹적인 꽃잎을 열었습니다. 참 신기하지요? 어찌 제 계절이 왔다고 무더위에 메마른 듯 지쳐 있던 녀석들이 기운을 차리고 이렇게 하나둘 꽃을 피우는지요.

귀여운 투구꽃은 연보랏빛으로 정말 투구 모양 같은 꽃을 피워내고 있습니다. 여름 내내 무더위에도 지치지 않고 병사처럼 곧은 자세로 추명국과 아케네시아 틈에서도 의젓하고 당당한 모습으로 자라 기다란 가지에 망울망울 꿈을 키우며 오르는 그 모습이 신기하고 부럽습니다. 내 꿈도 함께 담아 맑고 청명한 가을빛에 연보랏빛 꿈을 펼쳐 냅니다. 올 가을엔 추명국이 풍성하지 않고 조금 아쉬운 듯 꽃을 많이 피우지 않은 탓에, 투구꽃의 아름다움과 추명국이 묘하게 어우러진 여백의 미를 느낄 수 있었습니다. 아쉽다고 채우지 말고 그냥 그대로 조금만 기다려 주니, 넓은 공간에서 누리는 여유로움이 있네요.

현관 입구 계단 아래 드러누워 사계패랭이를 못살게 굴던 쑥부쟁이도 9월의 햇살과 바람에 연보라색 꽃을 펼쳐냅니다. 참으로 예쁘고 정다운 모습입니다.

내 눈을 피해 몰래 살았던 풀들도 고개를 쑥 내밀고서 제 나름

밤새도록 울어대는 풀벌레 소리가 아침저녁으로 불어오는 서늘한 바람에
추명국(키다리아네모네)이 매혹적인 꽃잎을 열었습니다.

귀여운 투구꽃은 연보랏빛으로
정말 투구 모양 같은 꽃을 피워내고 있습니다.

의 멋으로 어우러져 풍성한 가을의 아름다움을 보여 줍니다. 가을 하면 제일 먼저 생각나는 청보랏빛 용담도 꽃망울을 달았습니다. 여름 더위와 긴 장마조차 가을을 준비하는 꽃들에겐 묘약이 됩니다. 여름 내내 드러누워 꽃 피울 생각이 전혀 없어 보였던 쑥부쟁이도 꽃을 피우고 솔체꽃과 란타나 그리고 작은 풀꽃들이 어우러져 화단 속에 가을빛을 담은 작은 보랏빛 꽃밭을 만들었습니다. 연이어 구절초도 이 아이들과 동참하기 위해 하얀 꽃, 연분홍 꽃 꿈을 품고서 고개를 내밀고 꽃잎을 살며시 펼치며 가을을 맞이합니다.

정원 가득 구절초가 피었습니다. 대문 앞에도 돌담장에도 앞뜰 동산에도 물정원, 용기정원에서도 한가득 피었습니다. 구절초 향기가 온 정원에 가득합니다. 구절초들의 맑고 고운 숨결을 온몸으로 느껴봅니다.

청명한 가을 하늘 아래 꽃을 찾아온 나비들과 꿀을 찾아 날아온 벌들의 가을꽃 잔치가 한창입니다. 하늘거리는 여린 잎새들 멀쑥한 키에 참 약해 보이는 코스모스가 동참합니다. 한번 터를 잡으면 절대로 떠나지 않는 믿음직하고 강인한 코스모스 한 녀석은 봄날부터 사람이 많이 다니는 디딤돌 곁에 터를 잘못 잡아 이리저리 치이고 엎어져도 워낙 강해 그냥 두고 보았더니 어느 날 허리가 꺾여 일어나지도 못했습니다. 불쌍하고 짠해서 데리고 나와 대문 입구 화단 위로 자리를 바꿔주었더니 나 죽겠다 고개 숙여 2~3일

구절초 향기가 온 정원에 가득합니다.
구절초들의 맑고 고운 숨결을 온몸으로 느껴봅니다.

다행히 먼저 핀 연분홍 구절초가 사라질 때쯤 때맞추어 털복숭이가
미색 꽃을 피워서 시들어져 가는 구절초에 연노란빛을 더해주니
두 아이 모두 풍성하고 고와 보였습니다.

버티고 있던 녀석이 몇 번 물을 주고 나니 기운을 차렸습니다. 이젠 아무 도움 없이 스스로 더욱 충실하게 꽃을 피우며 이 가을을 풍성하게 즐기고 있습니다.

해마다 맞이하는 계절이지만 그 계절에 유난히 내 마음과 눈길이 가는 매력적인 곳이 있습니다. 이른 봄날 앞뜰에서 여기저기 잡초처럼 태어난 구절초들을 데리고 나와 물정원 화단 단풍나무 아래 심었습니다. 귀엽고 사랑스럽게 자라서 공작나무 그늘을 피해 햇살을 찾아 난간 사이로 고개를 쏙쏙 내밀며 차례차례 꽃을 피우는 모습이 유난히 아름다웠습니다. 하얀 구절초 꽃이 한창일 때쯤 연이어 분홍빛 구절초(국화 같지만 화원에서는 구절초라고 합니다)가 잔잔한 즐거움이 솟아나듯이 싱그럽게 꽃 문을 열었고 또 한 녀석이 동참을 합니다. 요 녀석은 고운 모습은 아니지만 옆집 아주머니가 예쁘다고 주신 고마운 마음에 심어 두었던 털복숭이 연노랑 국화입니다. 이 국화들이 무더기로 꽃을 피어 냅니다.

다행히 먼저 핀 연분홍 구절초가 사라질 때쯤 때맞추어 털복숭이가 미색 꽃을 피워서 시들어져 가는 구절초에 연노란빛을 더해 주니 두 아이 모두 풍성하고 고와 보였습니다. 세 녀석이 풍성하게 어우러져 붉은 옷으로 갈아입은 공작단풍나무도 더 의젓하고 멋져 보여 대견하게 바라봅니다. 그러나 하얀 구절초가 사라지고 분홍 구절초마저 사라질 무렵 홀로 남은 미색 털복숭이 국화의 엷고 밝은 꽃빛이 평소엔 거슬리지 않았던 녹슨 난간을 갑자기 지저

어김없이 분꽃이 피었습니다.
어스름한 저녁 아련한 그리움을 실은 하얀 분꽃들이
한아름 꽃을 피워 밤새도록 분꽃 향기 가득합니다.

분해 보이게 했습니다. 내년엔 저 노란 국화를 밀어내야겠구나 하는 생각이 들자 참 신기하게도 내 마음 알아차린 듯 깜짝 놀라 가슴이 두근거리는 듯 노란 얼굴이 붉은 빛으로 변해갑니다. 털복숭이처럼 생긴 저 노랑 국화 꽃송이를 자세히 보세요. 국화의 꽃빛이 단풍으로 물들어가는 것을 본 적이 있나요. 단풍나무와 함께 살더니 붉은 단풍잎을 닮아 가는지 아니면 너무 놀라서인지 저 녀석 꽃빛이 점점 더 붉은 단풍잎을 닮아 붉게 물들어 갑니다. 이 아이의 꽃빛은 신비롭게도 찬바람이 불고 날이 갈수록 곱게 물들어 내 생각을 부끄럽게 하고 있습니다. 고마움도 미움도 아름다움도 한순간인 그 삶은 지나고 보면 참으로 신비롭고 아름다운 것을, 내 감히 이 삶을 가로막고 함부로 다룰 수 있을지요. 사람이나 식물이나 아무리 밉고 말썽쟁이라도 살뜰하게 보살펴주면 언젠가 제 역할을 잘하는 소중한 존재라는 것을 정원 속에서 또 다시 깨닫게 됩니다.

어김없이 분꽃이 피었습니다. 어스름한 저녁 아련한 그리움을 실은 하얀 분꽃들이 한아름 꽃을 피워 밤새도록 분꽃 향기 가득합니다. 분꽃 향기 따라 어릴 때 뛰놀았던 채송화 꽃길로, 분꽃과 석류나무랑 매화가 살고 있던 내 고향집으로 갑니다. 이 아이 삶도 참 끈질기고 강인합니다. 오래전 고향 생각이 나 두어 그루 데려와 물정원 화분에 심어 두었더니 그 후 정원 곳곳에서 잡초처럼 태어나 보살핌도 없이 홀로 무성하게 자랐습니다. 이제 초록 고목

되어 초저녁 한가득 꽃을 피우며 밤새도록 지내다 아침 햇살 나타나면 향기도 꽃도 모두 거두어들였습니다.

감이 풍성한 가을빛으로 익어갑니다. 올망졸망 풋감 가득 달고서 무더위에 힘없이 축 늘어진 모습이 안쓰러웠던 감나무가 설렁설렁 불어오는 서늘한 가을바람에 주황빛 아름다움으로 영글어 이 가을을 보내고 있습니다. 정원을 지나가는 사람들도 이 풍성하고 예쁜 감들 향해 고운 미소를 보냅니다. 그 미소에 나도 감나무 쳐다보며 함께 웃음으로 화답하고서 이런저런 이야기 나눕니다. 시골 고향집을 생각나게 하는 정겨운 감들은 낯선 사람들과도 친근한 미소로 마음의 벽을 허물게 합니다. 감들이 주렁주렁 풍성하게 달려 있는 이 모습을 바라만봐도 흐뭇하고 참 좋습니다. 감을 따지 않고 그냥 두어도 이제는 왜 따지 않느냐고 묻는 사람은 거의 없습니다. 감의 주인은 정원에 놀러 오는 새들이라는 것을 이제는 다 알기에 설명하지 않아도 됩니다.

어느 날 참 고운 중년의 아주머니가 우리집 감나무에 반해 버렸습니다. 가는 길 멈추고 동네 할머니와 함께 우리집 감나무 쳐다보면서 '시골에 와 있는 듯한 편안함이 묻어나는 자연스러움이 너무 좋다'는 그 분의 이야기가 바로 내가 꿈꾸는 정원이랍니다. 여전히 미숙함이 군데군데 있지만, 우리집 정원을 좋아하시는 분들을 만나 함께 누리는 기쁨과 보람으로 정원에 대한 열정이 더욱 충만해집니다. 가끔 힘들고 게으름으로 소홀할 때도 있지만, 이

감이 풍성한 가을빛으로 익어갑니다. 올망졸망 풋감 가득 달고서 무더위에
힘없이 축 늘어진 모습이 안쓰러웠던 감나무가 설렁설렁 불어오는 서늘한
가을바람에 주황빛 아름다움으로 영글어 이 가을을 보내고 있습니다.

또한 내 삶의 한 부분이겠지요. 외출하려고 나서다가 이 가을에 고운 분을 만나서 정원을 함께 둘러보면서 감나무 이야기를 나누다 약속 시간에 늦었습니다.

이맘때가 되면 우리집 정원이 옆집 작은 정원의 꽃들과 함께 어우러져 더욱 아름답게 보였습니다. 주변의 아름다움이 나의 정원과 함께 있어 더 커진다는 것을 절실히 보여 주는 풍경입니다. 그러나 어느 날 그 분들은 인사도 없이 이사를 가고 주인 없는 화단에는 잡초만 무성해 하루 날 잡고 빈집 화단에 잡초를 제거하다가 너무 힘들어 남편에게 도움을 청하였습니다. 남편은 우리집 꽃과 옆집 꽃을 구분 못해 여름 내내 아름답다 찬미하던 애꽃은 우리집 꽃댕강나무만 몽땅 자르고서 "다했다" 하며 뿌듯해 하는 거 아니겠어요? 그 모습에 기가 막혀 사색이 된 내 모습에 놀라 남편은 줄행랑을 쳤습니다. 몽땅 잘린 불쌍한 꽃댕강나무는 그 후 몇 년 고생하다 이제야 겨우 제 모습을 찾아갑니다.

추명국의 아름다움과 구철초의 맑고 고운 10월의 풍성했던 꽃잔치는 이미 지나가고 맑고 청명하던 하늘은 더욱 깊어집니다. 햇살은 어느 사이에 온화한 모습으로 정원 깊숙이 내려와 앉아 가을빛으로 물듭니다. 아직도 꽃을 피우지 못한 아이들에게 온화한 햇살로 마지막 꽃을 피우게 합니다. 이제 밤낮으로 울어대던 풀벌레 합창소리 모두 사라지고 고요합니다. 한낮에 가끔씩 놀러 오는 새소리, 벌들의 윙윙거림이 고요함을 더해 줍니다. 구절초꽃을 피워

햇살은 어느 사이에 온화한 모습으로 정원 깊숙이 내려와 앉아
정원 식구들과 온종일 어우러져 가을빛으로 물듭니다.

내고 청보랏빛 용담꽃을 피우게 했던 이 가을이 떠나려고 찬바람을 네리고 옵니다.

  늦가을까지 꽃을 피우지 못해 애를 태웠던 파인애플 세이지가 찬바람에 놀랐는지 불꽃같은 꽃을 피우며 마지막까지 정원의 아름다움을 지켜냅니다. 가냘픈 어린 풀 아이가 힘차고 신나게 자라서 건강한 초록색 고목되어 꽃을 가득 피우면서 계단 입구를 다 차지할 태세로 버티고 있었습니다. 계단을 오르내리며 이 녀석들 싱그러운 꽃가지 다칠까 몸을 비스듬히 숙여 스쳐 지나면 신선하고 달콤한 파인애플 향기를 풍겨주는 그 향기가 참 좋았습니다. 그러나 그 풋풋한 싱그러움도 10월이 지나갈 무렵 "세월 앞에 장사 없다"는 옛말이 이 녀석에게도 비켜가지는 않나 봅니다. 너무 건강하게 잘 자라서 화분을 들어 조금 옆으로 옮겨 두고 싶어도 건장하던 뿌리가 땅속 깊이 떡 하니 버티고 있어 꼼짝도 하지 않을 정도로 힘센 장사였는데, 이 녀석도 찬바람에 뿌리 힘이 약해져 지지대 역할을 하지 못하고 쓰러져가고 있었습니다. 자연의 순리에 어쩔 수 없었나 봅니다. 그래도 불꽃같은 새빨간 꽃은 여전히 피워내고 있었던 가을의 끝자락 세이지는 그해 가을 떠나갔지만, 여전히 세이지의 아름다움은 마음 깊이 남아 언젠가 다시 그 아름다움을 보고 싶습니다. 새빨간 불꽃을 끝없이 피워내는 파인애플 세이지의 마지막 열기에 겨울이 오는 11월 찬바람에도 체리 세이지는 연둣빛 잎새를 싱그럽게 펼쳐 놓은 무대 위에서 발레리

늦가을까지 꽃을 피우지 못해 애를 태웠던 파인애플 세이지가
찬바람에 놀랐는지 불꽃같은 꽃을 피우며
마지막까지 정원의 아름다움을 지켜냅니다.

우리집에서 가장 마지막으로 꽃피우는 늦둥이, 단추국화도
잡초들 틈에서 해맑게 샛노란 꽃을 피우고 있었습니다.

나가 하늘거리며 춤을 추듯 꽃을 피웁니다. 불꽃같은 파인애플 세이지와 체리세이지랑 알록달록 꽃을 피우는 란타나와 주황빛 감들이 멀어져가는 가을빛에 화려함을 더해 줍니다.

드디어 우리집 늦둥이도 꽃을 피워 냅니다. 극성스럽게 자라나던 세이지들 땜에 제대로 자라지도 못하고 살살 기어 다니다 계단 아래로 들어가 햇살 찾아 나타난 우리집에서 가장 마지막으로 꽃 피우는 늦둥이, 단추국화도 잡초들 틈에서 해맑게 샛노란 꽃을 피우고 있었습니다. 요 녀석은 해마다 다른 아이들 틈에 끼어서 주위를 맴돌다 계단 아래에서 얼굴을 쏙 내밀고서 찬바람이 부는 초겨울이 시작할 무렵 계단을 운치있게 장식해 주며 꽃을 피우다 겨울 동장군이 들이닥치면 얼어서 꽃이 갈색으로 변해 긴 겨울을 지내는 애련한 아이입니다. 이 귀여운 모습을 볼 때마다 곧 도착할 매서운 추위에 혼신을 다해 피워 낸 고운 꽃들이 상할까 가슴이 조마조마했습니다. 그러나 요 아이들도 언제부턴가(제 기억으로는 2015년) 제 살길 찾아 10월부터 꽃을 피워내더니 이젠 아예 다른 국화들처럼 10월의 국화꽃이 되었고, 이젠 우리집 늦둥이는 용기정원에서 영하의 날씨에도 건장한 모습으로 단풍잎으로 옷을 갈아입고 건강하고 실한 꽃줄기 내밀어 한창 꽃을 피우는 '설화'가 되었습니다.

인디안 달력으로 11월은 "모두가 다 사라지지 않은 달"이라는 표현이 참 와닿습니다. 가을빛으로 물들인 잡초조차 아름다운 풍경을 만들어가는 정원에는 여전히 꽃을 피우고 있는 파인애플 세이지, 란타나, 체리세이지와 틈틈이 한두 송이 피어오르는 새하얀 데이지랑 한여름 유난히도 무성했던 잎새들로 내 마음을 어수선하게 했던 모과나무도 이 계절만큼은 감나무와 서로 어우러져 저물어가는 가을의 아름다움을 보여줍니다. 서서히 정원 일들이 끝나가는 한가함과 여유로움이 있는 11월이지만, 정원 아이들이 이 겨울을 편히 지내고 봄날 건강한 모습으로 만나기 위해 각각의 습성에 따라 좀더 세심하게 보살피기 위해 손과 마음이 바쁘기도 합니다.

키다리 아네모네가 혼신을 다해 자손을 퍼뜨리는 고귀한 모습은 신비롭습니다. 가까이 다가가 사랑스런 눈길로 찬찬히 들여다보아야만 아는 생명의 신비랍니다. 멀어져 가는 이 가을 감나무 아래에서 여름 끝자락 매혹적인 꽃으로 가을을 맞이하고, 이 가을이 다 갈 때까지 꽃을 피워내던 추명국도 이젠 제 소임을 다하기 위해 수많은 자손들을 뿌립니다.

손으로 살며시 만져 보기도 두려운 이 아이들 내 숨소리에도 하늘거리며 날아갈까 숨을 죽이고서 절묘한 이 순간을 지켜보았습니다. 그냥 머리로만 어렴풋이 알고 있었던 자연의 오묘한 법칙, 생명의 순환 원리를 11월이 지나가는 날 정원에서 만났습니다. 내년 봄 이 아이들과 정원에서 다시 만나길 바라면서 조심조심 데리고 나와 엄마 주변에 고운 흙으로 살며시 덮어 두고 자두나무

키다리 아네모네가 혼신을 다해
자손을 퍼뜨리는 고귀한 모습은 신비롭습니다.

아래에도 뿌려 두었습니다. 나머지 아이들은 바람 타고 훨훨 날아올라 삭막해져 가는 우리 동네 이곳 저곳에 터를 잡아 고운 꽃을 피워 많은 사랑 받으며 아름다운 동네를 만들어 주면 좋겠습니다.

새벽부터 비가 옵니다. 빗속에서도 감을 먹으러 온 맑고 청아한 새소리와 겨울을 재촉하는 스산한 빗소리가 더없이 고요하고 아늑합니다. 청명한 가을하늘 비쳐 주는 맑은 햇살에 한바탕 꽃 잔치 치르고 화려했던 가을날도 지나가고 어느덧 12월이 시작되었습니다. 하지만 찬바람에도 여전히 꽃을 피우고 있는 파인애플 세이지랑 귀여운 꽃으로 정원에 활력을 주는 체리세이지 계단 아래에서 귀여운 단추국화가 샛노란 꽃빛을 유지하고 오랫동안 녹색 옷을 입고 있었던 철쭉들이 황금빛, 검붉은 빛으로 옷을 갈아입고서 마지막 축제를 화려하게 펼쳤습니다.

휴식과 사색의 겨울

12월 추위에 새롭게 꽃이 피는 신기한 아이가 있습니다. 앞뜰 동산 돌 틈에서 붉은 빛이 보였습니다. 내 눈을 의심하며 행여나 싶어 가까이 다가가보니 이게 웬일입니까? 찔레가 새빨간 꽃을 피워내고 있었습니다. 올해 겨울엔 큰 추위가 없었지만, 그래도 영하 8~9도의 날씨가 여러 번 있었건만 이른 봄에 비실비실했던 찔레가 바위틈에서 힘들게 적응해 당당히 12월 끝자락에 경이롭게도 꽃을 피워냈습니다. 이 만남이 얼마나 반갑고 고마운지 어린 아이처럼 찔레꽃 향기에 소망을 실어 소중히 기도해봅니다.

영하의 추위에 귀엽게 살았던 단추국화가 걱정되어 이른 아침 밖으로 나가 보니 대견하게도 고운 모습 유지하고서 이 정도 추위는 염려 말라고 싱그러운 꽃향기로 안심시켜 주었습니다. 결국 영하 13도 혹한의 추위에 샛노란 빛은 사라졌습니다. 그래도 그 모습 유지하면서 겨울 뜰을 지키고 있습니다.

귀여운 새 좀 보세요. 우리집 감이 얼마나 맛있는지 머리를 박고 먹고 있는 귀여운 모습을요. 새들이 먹다 남겨 놓은 감에 맑은 햇살이 들어가 스산한 겨울 정원의 고운 등불이 되었습니다. 감을 먹으러 오는 귀여운 새들과 햇살이 만들어 준 참 예쁘고 정겨운 작품입니다. 찬 겨울 이른 새벽, 잠결에 어렴풋이 들리는 새들의 맑고 활기찬 새소리가 참으로 좋습니다. 감을 먹고 놀며 즐겁

게 지저귀는 소리가 고요한 겨울 정원에 활기를 줍니다.

봄, 여름, 가을, 겨울 계절 따라 펼쳐내는 아름다움으로 그저 바라보기만 해도 흐뭇해 든든한 우리집 감나무입니다. 참 달았던 열매 때문에 한여름에는 힘들어 보였던 감나무가 묵묵히 그 많은 열매 모두 건강하게 지켜서 그 귀한 감들 정원을 지나가는 할머니께도 드리고 많은 새들 다 정원으로 불러모았습니다. 열심히 키운 탐스럽고 예쁜 감 아낌없이 나눠주었죠. 따스한 햇살이 창으로 스며들 때 거실에 앉아 감을 먹는 새들을 보고 있으면 이곳이 바로 천국인 듯합니다. 환경오염과 주변의 시끄러운 차 소리에 새들이 떠나가지만, 그래도 여전히 나의 정원에 찾아오는 새들이 고맙습니다. 비록 온실 앞 향나무에 숨어서 놀고 잠자고 하다가 자동차 위에 실례하는 녀석들의 배설물이 조금은 귀찮아지지만요. 좋은 것만 가질 수 없는 삶의 이치이지요.

이 녀석도 좀 보세요. 달콤한 감 한입 가득 물고서 세상만사 모두 잊고 무아경(無我境)에 빠진 듯합니다. 나도 이 녀석 따라 어수선한 내 마음 훌훌 털어내고 순리에 따라 가렵니다. 내 마음대로 되는 일이 어디 있나요. 주어진 운명에 순응하며 순간순간 최선을 다할 수밖에는요.

밤사이 눈이 소복이 내려 새하얀 세상이 되었습니다. 엄동설한 잠자는 아이들에게 새하얀 눈 이불을 덮어 주었습니다. 햇살은 희미하지만 고요하고 맑고 포근합니다. 고요한 겨울 정원을 차분히

달콤한 감 한입 가득 물고서
세상만사 모두 잊고 무아경(無我境)에 빠진 듯합니다.

엄동설한 잠자는 아이들에게 새하얀 눈 이불을 덮어 주었습니다.

바라보면, 녹음의 계절에는 보이지 않았던 새로운 선물이 보입니다. 감나무 아래 사는 추명국은 여전히 새하얀 솜털 같은 자손을 다 날려내지 못하고 애틋하게 보듬고 있습니다. 매서운 한파에 정원이 모두 꽁꽁 얼어버렸습니다. 감나무에 달린 감까지도 꽁꽁 얼었습니다. 혹한의 추위와 바람에 옷을 모두 벗은 감나무와 매화나무의 기친 수피와 굴곡진 나목의 고풍스러운 자태에서 비움의 아름다움을 느낍니다. 계절마다 화려했던 꽃들이 떠나간 텅 빈 뜰의 허전함, 고운 꽃을 가득 담았다 떠나보낸 정원에 흩어져 있는 빈 화분들의 어수선함까지도 함께하는 이 겨울은 정원 식물들과 내게 편안한 휴식의 시간이자 또 다시 새로운 아름다움을 만날 긴 사색의 시간으로, 기다림과 희망의 시간입니다.

정원의 순간

：

매혹적인 양귀비꽃

자연이 정원에 큰 선물을 주었습니다. 씨앗을 요기조기에 뿌려 양귀비를 탄생시키고 꽃을 피우게 했습니다. 하루하루 이 아이 만나는 기쁨이 커서, 세상을 다 얻은 듯 즐겁고 행복했습니다. 여행을 하다 종종 만났던 들판에 핀 양귀비꽃의 매혹적인 아름다움에 눈과 마음이 온통 갔었는데, 우리집 정원에서 만나다니요.

양귀비가 우리집 정원에 터를 잡아 해마다 꽃을 피우는 모습을 오랫동안 염원했습니다. 하지만 우리집 정원은 양귀비가 좋아하는 환경이 되지 않기에 결코 이루어질 수 없는 희망이라 틈틈이 이 계절이 오면 한두 송이 데려와 화분에 심고서 바라보며 즐겼습니다. 그런데 오호, 이게 웬일입니까?

그토록 염원했던 양귀비가 앞뜰 동산 중앙에 턱 하니 스스로 터를 잡고서 나를 빤히 쳐다보고 있었으니, 그 기쁨은 이루 말할 수

그토록 염원했던 양귀비가 앞뜰 동산 중앙에 턱 하니 스스로 터를 잡고서 나를 빤히 쳐다보고 있었으니, 그 기쁨은 이루 말할 수가 없었습니다.

가 없었습니다. 너무 행복했습니다. 무럭무럭 자라서 드디어 이 아름다운 꽃을 피우니 그 기쁨은 세상을 다 얻은 듯 좋아서 이리 보고 저리 보고 나 혼자 북 치고 장구 치고, 가슴 두근거리며 날아 갈 듯 행복했습니다.

이 아름다운 선물을 두고서, 참 오랫동안 가보고 싶었던 세계에서 가장 아름다운 이슬람 정원이 있는 알함브라 궁전을 보기 위해 스페인 여행을 13일 동안 갔다 왔더니, 나 없는 동안 매혹적인 양귀비의 모습은 사라지고 정원은 정글로 변해 있었습니다.

집 떠날 때 수없이 남편에게 부탁을 하고 갔습니다. 그러나 갔다 오니 남편은 "꽃과 나무 모두 무사히 잘 있다"라며 의기양양했건만 내 눈앞에 펼쳐진 오월의 푸름은 나를 덮치고 휘감고 들어올 듯 무서웠습니다. 4월의 하루해가 너무 짧은 듯 바쁘게 어린 잎사귀 내밀고, 감나무의 그 연둣빛 아름다움은 사라지고, 푸름 무성한 잎사귀들이 정원을 뒤덮었습니다. 곱고 고왔던 양귀비는 수많은 잎사귀 내밀어 주변 식물들이 근접도 못하게 덩치를 키우고 중앙에 턱 하니 자리를 차지하여, 강인한 와인컵쥐손이까지 물리치고 머리 풀고 난리가 났습니다.

꽃밭인지 풀밭인지 나 없는 동안 엉망이 된 정원을 보니 가슴이 막혀 왔습니다. 그 당시엔 오월의 푸름이 무서웠습니다. 여행 후에 따라오는 시차 적응이나 피곤함도 사치였습니다. 이 어수선함을 극복하기 위해 서두르다 소중한 양귀비에게 못할 짓을 하였습니다. 내 자만과 성급함에 건강하게 잘 자란 커다란 덩치를 얼른 데리고 나와 다른 곳으로 옮겨 심어 주었지만, 가엽게도 영영 가 버렸습니다. 급한 내 마음으로는 스스로 터를 잡고 잘 살았던 그 녀석을 다른 곳으로 옮겨도 건강하게 살 것 같았습니다. 그러나 그 생각은 큰 오산이었습니다. 기온이 높은 오월의 끝자락에 다른 곳으로 옮겨 주기엔 너무 크다는 점을 인지하고, 좀 더 사려 깊게 생각하여 무성하게 펼쳐낸 몇몇 잎새들만 떼어 내 매무새만 가다 듬어 보살펴 주었으면 건강하게 고운 꽃을 오래오래 볼 수 있었을 것입니다. 그 행복을 오래 간직하지 못하고 서둘러 애민 아이를 허망하게 보내고 난 후에야 정신이 번쩍 들어 아뿔싸! 내가 왜 그 랬을까 원망하고 자책했지만 이미 엎질러진 물이었습니다.

그래도 다행히 뜰에 요기조기 태어난 어린 양귀비들이 살랑살 랑 꽃을 피우며 너무 자책하지 말라고 위로해 주는 것 같아 다시 다짐합니다. 같은 실수를 또 다시 되풀이하지 말자고요.

아기 요정 흙제비

거실 앞 작은 뜰에 진보랏빛 얼굴에 샛노란 작은 눈을 가진 사랑스런 예쁜 아이를 데려왔습니다. 흔히 '흙제비꽃'이라 부르지만 아주 작은 난쟁이 삼색제비꽃(팬지)이랍니다. 이 아이를 처음 만난 곳은 울주군 가지산 석남사 지붕 처마 아래 양지바른 메마른 곳이었습니다. 귀여운 아이들이 옹기종기 모여 앉아 꽃을 피우고 있는 모습이 얼마나 사랑스러운지 가던 길을 멈추고 그 자리에 쪼그리고 앉아 한참 동안 같이 놀았습니다. 마음 같아선 스님께 부탁하고 몇 포기만 데려오고 싶었지만, 너무 작고 여려서 땅에서 나오면 바로 죽을 것 같았습니다.

그 사랑스런 아이를 우연히 화원에서 다시 만났습니다. 꼭 나와 전생의 특별한 인연을 만난 것처럼 가슴이 설레여 집으로 데리고 왔습니다. 이 꽃이 지닌 신비롭고 사랑스런 모습에 어울리도록 오랫동안 간직한 요술램프 같은 나지막한 화분에 심어 놓고 보니, 얼마나 예쁘고 귀엽던지 요리조리 데리고 다니면서 가장 예쁜 모습으로 살 수 있는 햇살 가득한 난간 위에 올려 두고서 고운 미소로 마주하였습니다.

눈이 나쁜 나는 이 작은 아이의 고혹적인 검보라색 꽃이 멀리서는 잘 보이지 않아 가까이서 데리고 놀고 싶어 자주 손에 올려 두고 들여다보며 좋아했습니다. 하지만 내 마음과 달리 이 고운 모습은

거실 앞 작은 뜰에 진보랏빛 얼굴에 샛노란 작은 눈을 가진
사랑스런 예쁜 아이를 데려왔습니다. 흔히 '흙제비꽃'이라 부르지만
아주 작은 난쟁이 삼색제비꽃(팬지)이랍니다.

날이 갈수록 사라지고 허약해져 갔습니다. 너무 애통해 원예사전을 찾아보니 이 꽃은 거름 성분이 많지 않고 통풍이 잘 되는 양지바른 곳에서 건강하게 자라며 추위에 무척 강해 월동도 가능하고 생명력이 강해 키우기 수월하다는 사실을 알게 되었습니다.

날씨는 더워져 가고 답답하고 애타는 마음에 생명력이 강하다는 말에 용기를 내어 조심스럽게 화분에서 꺼내 땅의 정기를 듬뿍 받아 기운차리라고 햇살 가득한 앞뜰에 심어 주었습니다. 그러나 그리 오래 견디지 못하고 사라졌습니다. 내 잦은 손길에 힘들어 그만 가버린 것 같아 미안했습니다. 다음해 봄날 이 꽃이 너무 보고 싶고 지난 실수를 만회하기 위해 화원을 여러 번 찾아 헤맸지만 다시 만날 수 없었습니다.

어느 날 하늘 높이 올라가는 부들레이아랑 목단과 함박꽃이 내민 무성한 잎새들로 작은 숲이 된 6월의 물정원에서 이 예쁜 요정을 다시 만났습니다. 깜짝 놀라 내 눈을 의심했습니다. 어떻게 이 꽃이 여기에 있지? 애지중지하다가 애석하게도 사라진 이 연약한 흙제비가 갑자기 물정원 할미꽃이 사는 화분 속에 턱 하니 올라 앉아 억센 할미꽃 잎새 틈에서 열심히 자라 살포시 꽃을 피우며 살고 있었습니다. 참 신비롭지요. 어찌 이곳까지 올라 왔는지, 아마도 바람 타고 하늘 높이 다니다 너무나 짧았던 인연이 아쉬워 다시 내려왔나 봅니다.

자연이 담아내는 이 신비로운 우주, '세상에! 세상에!' 수없이 감

탄하며 이 작은 꽃의 생명력에 그저 놀라울 뿐입니다. 하루에도 몇 번씩 이 꽃을 내려다보며 행여나 사라질까 틈틈이 들여다보며 확인하고 안도의 미소로 만났습니다. 이 작은 아이는 할미꽃의 억센 틈에 끼어서 참 가냘프고 끈질기게 살면서 고요히 꽃을 피워냅니다. 그러나 아쉽게도 장마가 계속되는 무더운 날 더 이상 견디지 못하고 사라졌습니다.

해가 바뀌고 6월의 어느 날 땀 뻘뻘 흘리며 정원 정리를 하다 앞뜰 계단 입구 철쭉나무 아래 소녀가 들고 있는 작은 바구니에서 이 신비로운 아이를 또 다시 만났습니다. 꼭 요정처럼 살고 있었습니다. 소녀가 들고 있는 바구니는 배수구도 없고, 흙도 없고 주변의 작은 부스러기가 모여 얕은 층을 이룬 곳이랍니다. 어떤 식물도 살 수 없는 이 곳에 터를 잡고 꽃을 피우고 있는 흙제비꽃의 탁월한 생존 능력이 놀랍습니다. 아마도 정원 일을 열심히 하지 않았다면, 결코 만날 수 없었겠지요. 이 작은 요정은 내 손길에서 벗어나 고요히 홀로 살고 싶었나 봅니다. 나는 이른 봄부터 이 아이가 살기 딱 어울리는 화분을 마련해 두고 화원에 몇 번이나 가보았지만, 끝내 만나지 못하고 섭섭한 마음으로 돌아와 빈 화분만 간직하고 있었건만. 어찌 이곳에서 만날 줄이야! 그러나 이제야 알 것 같습니다. 이 꽃은 어디에도 간섭 받지 않고 자유롭게 사는 유월을 좋아하는 작은 요정이라는 것을, 이 꽃을 위해 아무것도 하지 않는 것이 이 요정을 위하는 길이라는 것을요. 이제 그저 내 정원 어디라도 갑자기 나타나 잘 살아가길 바랄 뿐입니다.

하시만 그 마음도 잠깐, 화원을 기웃거리며 다시 만나길 희망하는 내 끈질긴 짝사랑, 언젠가 이 사랑이 다시 이루어질 수 있도록 이 꽃의 성향을 다시 파악하고 알 수 있게 노력 중이랍니다. 삼색 제비꽃은 할미꽃과 같은 거름 성분이 없는 척박한 토양을 좋아한다는 것만은 확실히 알 것 같습니다. 하지만 우리 삶처럼 어느 것도 확실하다고 단정할 수는 없을 것 같습니다. 우리 삶도 어려운 일을 헤쳐 나가며 살다 보면 가끔 우연히 꿈이 이루어진 듯 행복이 오고, 그 행복은 그리 오래 지속되지는 못하더라도 그 순간은 가슴 두근거리며 세상을 다 얻은 듯 행복합니다. 참으로 멋지고 살 만한 아름다운 세상을 다시 꿈꾸며 힘을 내고 나아가는 것처럼 이 신비로운 꽃과의 특별한 만남에 나는 또 새로운 정원을 만날 수 있다는 꿈을 꿉니다. 비록 다시 만나지 못하더라도요.

고운 추억을 간직한 찔레꽃

내가 꿈꾸어 온 정원은 하얀 찔레꽃 담장을 한 정원입니다. 하지만 아직 그 꿈을 이루지 못하고 있습니다.

정원에는 분홍꽃을 피우는 찔레, 붉은 꽃을 피우는 찔레 두 그루가 있습니다. 그중 거실 앞 작은 뜰 하얀 화분에 심겨진 작은 찔레 한 그루가 작년 겨울부터 지금까지 참 예쁜 모습을 보여 주고 있습니다. 이 아이를 볼 때마다 나도 모르게 살며시 미소를 짓게 됩니다. 이 조그만 찔레꽃 한 그루가 이렇게 소중하게 다가올 줄 몰랐습니다. 물론 이 나무가 처음부터 좋은 것만은 아니었습니다.

어느 봄날 새빨간 꽃빛이 하도 고와 야생화 키우듯 키우려고 아주 쪼그마한 녀석을 데려와 야생화 화분에 심었습니다. 11월 추운 어느 날 어쩌다 찔레나무가 사는 화분이 난간으로 떨어져 그만 깨지고 말았습니다. 아뿔싸! 춥고 귀찮아진 내 마음이 어쩐지 이 아이가 참 빈약하고 그리 소중하지 않게 다가왔습니다. 잠시 깨어진 상태로 그냥 둘까 생각하다 마음을 바꾸어 마땅히 어울리는 화분도 없어 평소 사용하지 않는 하얀색 긴 사각 화분에 적당히 심어 두었습니다.

12월 중순 거실 앞뜰 식물들은 추위를 피해 온실로 거실로 모두 떠난 허전한 뜰에 우연히 창밖을 보니 하얀 화분 위에 기다란 녹색 줄기에서 살며시 부풀어 오르는 붉은빛 꽃망울이 보였습니

거실 앞 작은 뜰 하얀 화분에 심겨진 작은 찔레 한 그루가
작년 겨울부터 지금까지 참 예쁜 모습을 보여 주고 있습니다.

다. 너무 신기해 밖으로 나가 보니, 바로 대충 심어둔 그 화분에서 빈약했던 생명이 잘 자라서 꽃을 피우려는 순간이었습니다. 얼마나 신비롭고 기특한지요.

이 작은 생명이 영하의 추운 날 이렇게 아름다운 모습으로 태어날 줄 꿈에도 몰랐습니다. 그때 귀찮아서 대충 심어주었는데, 추운 겨울에도 꿋꿋이 살아나 보란 듯이 한겨울에 푸른 가지 내밀고 고운 꽃망울을 달고서 나왔습니다. 그 고운 꽃망울이 하도 귀하고 아름다워 가까이 두고 보고 싶어 거실로 데려왔다가 또 혹시 너무 따뜻해 이 예쁜 모습이 상할까 다시 제자리로 보냈다 갈팡질팡하다가, 결국에는 영하 7도라는 일기예보에 온실에 데려다 놓았습니다. 찔레꽃의 본성으로는 추운 겨울에도 밖에서 잘 지내겠지만, 아무래도 이 추위에 꽃을 피우고 있는 모습으로 봐선 온실로 옮겨 두어야 할 것 같았습니다.

보통 찔레는 봄에 잎을 피워 가을이면 사라지는 낙엽 관목입니다. 하지만 이 나무는 일 년 내내 광택이 있는 녹색 잎을 지니고 있는 것을 보아 상록 관목인 것 같았습니다. 꽃을 피울 때 살며시 다가가면 그 고운 찔레꽃 향기 살살 풍겨 주었습니다. 매서운 추위만 피하고 다른 아이들보다 일찍 제자리로 데려다 놓았지만 여전히 반짝이는 녹색 잎은 봄볕에 전혀 상하지 않고 예쁜 모습 그대로였습니다. 오월에 많은 꽃망울 달고서 아름다웠던 그 모습으로 다시 만났습니다. 특히 이 찔레가 가장 아름다울 때는 꽃이 피기

특히 이 찔레가 가장 아름다울 때는
꽃이 피기 전 새빨간 꽃망울이 맺힌 때와 꽃잎을 살며시 펼쳐낼 때입니다.

전 새빨간 꽃망울이 맺힌 때와 꽃잎을 살며시 펼쳐낼 때입니다. 오묘하고도 절묘한 아름다운 모습을 글로는 표현할 길이 없습니다. 그 모습이 하도 예뻐 계속해서 사진으로 담아 봅니다. 어릴 적부터 알아온 찔레꽃은 산기슭 양지에서 자생하며 오월에 아카시아꽃들이 피고 서서히 사라질 무렵 피어나는 향긋한 향기가 있는 흰색이나 연분홍색 꽃을 피우다 가을엔 까치밥이라 불리는 빨간색의 쪼그마한 열매를 맺었습니다.

찔레의 또 다른 예쁜 이름으로는 산과 들에 피는 장미라는 뜻으로 '들장미'라고도 부릅니다. 하지만 이 아이는 우리가 찔레꽃이라고 부르는 산기슭에서 자라나는 하얀 찔레꽃과는 조금 다른 모습입니다. 한 송이 한 송이 피어나는 모습도 다릅니다. 일 년 내내 녹색 잎을 지니고 있고, 향기는 찔레꽃 향기 그대로입니다. 꽃이 진 후 찔레꽃 열매보다 조금 큰 열매를 맺었습니다.

찔레꽃에 대한 고운 추억이 있습니다. 어린 시절 엄마 몰래 동네 친구들과 뒷산에 놀러 가 무리지어 핀 하얀 찔레꽃 품속에서 연분홍 통통한 긴 새순을 꺾어 껍질을 벗기고 먹어 보면, 상큼한 풀 향기에 달짝지근한 참 오묘한 맛이 났습니다. 향긋한 찔레꽃도 따 먹어 보고 찔레꽃을 보면, 그때 그 철부지 어린 시절의 고운 전경이 눈앞에 선하게 펼쳐집니다.

목단(모란)이 화려하게 꽃을 피우던 날

할미꽃이 사라질 무렵 물정원 한 자락에서 무성한 잎새들 품에 진홍빛이 살포시 보였습니다. 반가워 가까이 다가가 보니 초록빛 커다란 꽃망울 품에서 진한 분홍빛 꽃잎을 배시시 내밀면서 꽃 문을 열고 있었습니다. 반갑다 인사하고 화단으로 조심조심 올라 고개 숙여 탐스런 꽃망울들을 내려다보니 어렴풋이 옛 생각이 납니다. 꽃이 아름다운지 무엇인지 아무것도 몰랐던 철없던 어린 시절, 우리집 앞마당에 한아름 피었던 그 목단의 아름다운 전경이 떠오릅니다.

다음날 아침, 깜짝 놀랐습니다. 이 덩치 큰 아이가 성질이 얼마나 급한지 그 사이에 커다란 꽃잎을 활짝 펼쳐내며 화려하게 꽃이 피었습니다. 가까이 다가가니 우아한 향기가 은은하게 다가옵니다. 목단은 향기가 없다고들 하지만, 우리집 목단은 은은한 향기가 있습니다. 화려하고 강렬하게 피어난 이 아름다운 꽃을 하나둘 세어보며 흡족한 웃음이 절로 나옵니다. 지난 해 몇 송이밖에 피지 못한 아쉬움에 주변을 어수선하게 하는 큰 잎도 없애지 않고 강렬한 태양과 맑은 바람 마음껏 마시고 튼튼하게 단련시키라며 누렇게 시들어가는 잎까지 스스로 떨어질 때까지 그냥 두었습니다. 그리고 늦가을에는 거름을 제법 넉넉히 주면서 건강한 모습으로 만나자고 약속했는데, 그 약속을 지켜 준 듯 반갑고 흐뭇하였습니다.

초록빛 커다란 꽃망울 품에서 진한 분홍빛 꽃잎을
배시시 내밀면서 꽃 문을 열고 있었습니다.

지금 꽃을 피우며 살고 있는 이 목단은 조그만 도시였던 울산이 공업도시로 탈바꿈하면서 개발로 사라진 고향집 정원에서 화려하게 피어나던 그 목단나무입니다. 이 아이가 물정원에서 다시 만나기까지 아주 힘든 여정이 있었습니다. 벌써 10년이 훌쩍 넘었네요.

까마득하게 잊고 살았던 목단의 아름다움을 이웃집 조그만 정원에서 만났습니다. 그 순간 어린 시절 정원에서 보았던 그 화려했던 전경이 불현듯 떠올랐습니다. 그 후 목단꽃의 아름다움에 매료되어 우리집 정원으로 목단을 데려오고 싶다는 일념으로 목단만 쳐다보았습니다. 그러다 친정에 갔을 때, 친정집 정원에서 목단을 다시 만났습니다. 언제부터 살고 있었는지 알 수 없었지만 내가 태어나고 학창시절을 보냈던 고향집 정원에서 살던 목단을 지금 엄마가 살고 계신 집으로 이사 올 때 데려와 20여 년을 훌쩍 넘기며 살고 있었다고 합니다.

지금도 정원에 꽃을 바라보며 모과나무랑 남은 여생 잘 살겠다며 하루하루 시간을 보내시는 90세를 훌쩍 넘기신 엄마는 목단을 바라보며 좋아하는 나를 보고 "내가 이 꽃을 얼마나 볼지 모르니, 네가 데려가서 키우는 것이 좋을 거라" 하셨습니다. 그 당시 20년 이상 터를 잡고 살던 목단을 데려오기가 쉽지 않았습니다. 물론 쉽게 화원에서 살 수도 있었지만, 부모님이 키우시고 가족의 추억이 담겨진 기념비 같은 소중한 고목이라 조심스러운 결단을 내렸습니다. 겨우겨우 힘들게 차 트렁크에 실어 데려왔습니다. 앞뜰엔

이 덩치 큰 아이가 성질이 얼마나 급한지 그 사이에
커다란 꽃잎을 활짝 펼쳐내며 화려하게 꽃이 피었습니다.

이미 감나무 등 다른 나무들이 터를 잡고 살고 있기에 목단이 마음 껏 살 공간이 적절하지 않아, 목단이 좋아하는 환경을 생각하며 땅속처럼 편히 살라며 아주 큰 화분에 심어 햇살 가득한 용기정원에 두었습니다.

그 이듬해 봄날 아주 신통하게도 반가운 빨가숭이 어린 새순들이 많이 태어나 하도 반갑고 좋아서 엄마가 귀엽다며 아기에게 젖 한 번 더 물리듯 건강히 자라길 바라며 무심히 거름 한 줌을 주었습니다. 아뿔싸! 그 거름이 그렇게 큰 화근일 줄이야. 겨우겨우 멀리 옮겨온 고목나무가 힘들게 한겨울 지내고서 혼신을 다해 겨우 어린 싹을 틔워 냈지만, 아마 뿌리는 거의 안착하지 않은 상태였을 것입니다. 가만히 기다리며 지켜봐야 할 시기에 엉뚱한 사랑이 독이 되어 치명적인 고통을 주었답니다. 그 어린순들이 하나둘씩 시름시름 시들어 죽어가는 모습을 지켜보는 마음은 참담하였습니다. 건장한 고목 줄기들도 서서히 죽어가고 겨우 몇 개만 살아남아 한 해 두 해 견디며 살았습니다. 당시 연꽃 전문가 선생님의 도움으로 꽃이 풍성하게 피지 않는 연과 수련을 햇살 많은 용기정원으로 옮겨오면서, 용기정원에 살던 목단과 함께 몇몇 식물들은 물정원으로 자리를 바꾸게 되었습니다.

참 신기하게도 물정원으로 옮겨 온 그 해 겨울이 지나고 이른 봄날 행여나 싶어 들여다보니 이게 웬일입니까? 기적같이 새순이 제법 많이 태어나 방실거리며 나를 올려다봅니다. 이 빨가숭이를 가만히 들여다보니 품속에 참 오랫동안 애타게 기다렸던 귀한 꽃망울을 품고 있었습니다. 이 기적 같은 만남이 너무 반가워 날아갈 듯이 가슴이 뛰었고 기쁨과 희망의 눈길로 지켜보면서 꿈을 키우듯 내 마음도 함께 자랐습니다. 봄꽃들이 앞다퉈 피어나는 4월 중순 무성한 잎들 품에 화려하게 나타난 아름다움에 소원이라도 성취한 듯 환희와 기쁨으로 목단꽃을 만났습니다.

그러나 2014년 4월, 너무나 힘들고 가슴 아픈 그 날, 그 봄날에 부귀영화를 한몸에 다 지닌 듯 화려하게 피어난 이 목단꽃을 만나는 그 순간, 가슴이 철렁 내려앉았습니다. 이 강렬한 꽃의 화려함과 영화로움이 너무 두렵기도 하고, 무심한 듯 야속하여 반갑다고 인사조차 할 수 없었습니다. 철없이 멋모르고 피어난 이 오만스러울 만큼 화려한 꽃이 원망스러워 빨리 꽃이 사라지기를 기다렸습니다. 다행인지 불행인지 목단꽃의 아름다움은 그리 오래가지 않습니다. 미인박명이라고 이 화려한 아름다움이 허망한 꿈처럼 잠시 피었다 사라져 버리자, 그 아쉬움이 그땐 참 고맙기도 했습니다.

단지 이 목단의 끈질기고 강인한 삶처럼 기적이 일어나길 바라며 힘들고 고통스러운 날 보내시는 유족들께도 언젠가 이 죽도록 힘들었던 시간을 견디고서 이 힘든 고통이 승화되길 바라며 좋은 세상 평화로운 세상에서 편히 지내시길 마음 깊이 간절히 기도하였습니다. 지금도 목단꽃이 피는 날이면 가슴이 저려옵니다.

마타피아의 삶

거실 앞 작은 뜰 아주 커다란 화분 하나에 일 년 내내 고운 꽃 피우는 마타피아가 살고 있습니다. 공간에 비해 너무 커서 도저히 이곳에 데리고 있을 수 없지만, 이 꽃만이 지닌 매력에 떠나보낼 수가 없습니다. 물론 이곳 환경이 이 아이에게는 최상의 환경인 것 같고요. 정원 식구 하나하나 모두 소중하지만 특히 이 아이는 항상 내 곁에서 맑고 고운 모습으로 사랑스럽게 살다 죽음의 문턱에서 애를 태우며 다시 살아나기를 거듭한, 삶의 기적과 경이로움을 보여주는 소중한 아이입니다. 우리집 마타피아는 너무 예쁘고 귀여워 샘을 많이 타나 봅니다. 어쩌면 이 꽃은 시련이 이리 많은지요.

마타피아는 참 묘한 아름다움이 있습니다. 독특하게 자라나는 아름다운 모습으로 일 년 내내 피워주는 예쁜 꽃, 그 계절 환경에 어울리게 변화하는 수형은 늘 감탄하게 만듭니다. 환경의 적응력이 탁월한 마타피아의 예쁜 변신은 참 매력적입니다.

마타피아의 고향은 더운 곳이라 겨울에는 거실에서 지내다 추위가 가고 봄 햇살이 따뜻해질 때면 밖으로 나와 신선한 공기, 봄 햇살을 만납니다. 그러면 물이 오르고 붉고 푸르스름한 싱그러운 빛이 감돕니다. 새로운 가지와 잎이 나올 때마다 조그만 꽃망울을 함께 달고서 틈틈이 한두 송이 꽃을 피우는 모습이 묘한 매력이 있습니다. 여름이 되면 제 세상 만난 것처럼 하루하루 펼쳐내며

독특하게 자라나는 아름다운 모습으로 일 년 내내 피워주는 예쁜 꽃,
그 계절 환경에 어울리게 변화하는 수형은 늘 감탄하게 만듭니다.
환경의 적응력이 탁월한 마타피아의 예쁜 변신은 참 매력적입니다.

반짝이는 무성한 녹색 잎들과 붉고 가느다란 긴 꽃줄기에서 진홍빛 고운 꽃늘을 옹기종기 한아름씩 계속 피웁니다. 이 예쁜 모습은 늦가을까지 끊임없이 이어집니다. 늦가을이 오면 검푸른 잎들이 하나씩 붉고 노르스름한 빛으로 물들기 시작합니다. 다시 12월 초순쯤 영하의 추위가 오면 거실로 데려옵니다.

거실로 들어온 이 아이가 거실 환경에 적응해 가는 모습은 다른 식물에서는 볼 수 없는 아련한 멋과 운치가 있습니다. 그 무성했던 잎은 며칠 만에 주르륵 벗어버리고 나목의 가냘픈 곡선 가지들이 얼마나 아름다운지 가슴이 찡합니다. 그러고서 다시 나목의 가지 끝에서 새순과 함께 꽃망울이 태어나 다문다문 꽃을 피워냅니다. 저녁 해질 무렵 거실 탁자 위에 앉아 멍하니 밖을 내려다보면 마타피아의 멋스런 수형이 스산하게 멀어져가는 가을빛과 어우러져 얼마나 아름다웠던지 지금도 눈에 선합니다.

이 아이와의 인연은 벌써 10년이 훌쩍 넘었네요. 그 오랜 시간 동안 참 다사다난하였습니다. 그러나 이 아이에 대한 내 사랑은 여전히 진행 중이랍니다. 처음 만난 곳은 하남 어느 구석진 협수룩한 화원이었습니다. 허름한 화분에 심겨진 초췌하고 왜소한 나무에 엉성하고 연약한 가지 끝에 조그마한 진홍빛 꽃이 참 예쁘고 매력적이었습니다. 그러나 가격을 물어보았더니 당시로는 무척 비싸게 느껴져 살 수가 없었습니다. 그 후 이 아이는 다른 곳에서는 볼 수가 없었습니다. 몇 년 동안 이 아이를 잊지 못해 화원을 둘

저녁 해질 무렵 거실 탁자 위에 앉아 멍하니 밖을 내려다보면
마타피아의 멋스런 수형이 스산하게 멀어져가는 가을빛과 어우러져
얼마나 아름다웠던지 지금도 눈에 선합니다.

러볼 때마다 눈여겨 찾아보았지만 보이지 않았습니다. 2006년 초여름 우연히 다시 발견하고 얼마나 반가웠던지, 이름을 물어보자 마타피아(*Jatropha integerrima*)라고 하였습니다. 다시 보니 이 아이의 모습이 독특한 이름처럼 참 이국적이었습니다. 진홍빛 자그만 예쁜 꽃과 독특한 수형도 매력적이었지만, 그동안 다시 만나고 싶었던 터라 무조건 데려와 내가 항상 볼 수 있는 거실 앞 작은 뜰에 두고서 제대로 키우고 싶어 두꺼운 식물사전에서 샅샅이 찾아보았지만 보이지 않았습니다.

가지를 자르면 유액이 흘러나오는 비대한 줄기와 반짝이는 도톰한 잎사귀를 지닌 반상록(semi-evergreen) 식물인 것 같아 열대 또는 아열대식물인 플루메리아와 비슷한 종으로 보였습니다. 태국에선 정원용 울타리로 활용되는 것을 보았고요. 그동안의 경험과 느낌으로 볕이 강하지 않고 그늘과 햇살이 적절하게 함께 있는 거실 앞 작은 뜰에 두고서, 예쁜 모습으로 고운 꽃을 피우길 기대하며 함께 놀았습니다. 다행스럽게도 이 환경을 좋아해 몸도 키도 키우며 잎을 다문다문 내밀고서 꽃을 피우며 여름을 맞이했는데, 갑자기 고운 잎새들 한아름 펼쳐내며 건강하게 몸을 키워 전혀 다른 모습으로 자랐습니다. 독특한 수형, 반짝이는 무성한 잎, 진홍빛 해맑은 수많은 꽃을 끊임없이 펼쳐냈습니다. 이 풍성하고 아름다운 모습은 늦가을까지 지속되었습니다.

추위에 약한 것 같아 겨울에는 거실로 피신시켜 주었더니 거실

공기 답답하다며 그동안 펼쳐낸 많은 잎을 며칠 동안 후루룩 모두 떨쳐낸 모습은 전혀 새롭고 우아한 모습이었습니다. 게다가 한두 잎 달려 있는 늘어진 곡선의 가지에서 새눈과 함께 꽃망울을 빼꼼히 내밀며 또 꽃을 피우기 시작합니다. 얼마나 신통하고 예쁘던지요. 적절한 환경만 주어진다면 연중 꽃이 피는 줄 그때 알았습니다. (겨울에 거실 온도는 섭씨 15~18도 정도이며 봄과 가을엔 바로 거실 앞뜰에서 예쁘게 자랍니다. 거실 앞뜰은 남향으로 봄엔 아침 햇살과 오후 햇살이 충분하지만, 직접 내려 쬐는 강한 햇볕은 아니랍니다. 여름과 가을엔 서쪽으로 감나무가 무성하게 자라고 있어 오후 햇살은 충분히 받을 수 없습니다.)

오랜 세월 꽃 아이들과 살다 보면, 가끔은 죽을 만큼 힘든 일을 겪은 후에 참 신비로운 사건들이 일어납니다. 마타피아에게도 참 신비로운 일이 일어났습니다. 이 아이가 온 그 다음해였습니다. 갑자기 찾아온 추위에 이 아이가 모두 얼어버렸습니다. 너무 애석해 혹시나 하는 마음으로 밑둥치만 남겨 두고 가지를 모두 잘라 거실에 두었습니다. 늦봄까지 꼼짝 않고 애를 태우더니 어느 날 밑둥치에서 조그만 초록빛 싹을 보았습니다. 그 반가움은 이루 말할 수 없습니다. 하지만 하루이틀 조금씩 자라나는 이 새순은 분명 내가 지금까지 보지 못한 커다란 손바닥 모양의 독특한 잎 모양이었습니다. 처음엔 내 눈과 기억을 의심하였습니다. 몇 번이나 내려다보고 기억해도 도저히 이해가 되지 않았습니다. 그냥 받아들이고 기다릴 수밖에 다른 묘안이 없었습니다. 얼마 후 또 다시 새로운 순들이 보였습니다. 그 어린순들이 조금씩 자라면서 내가 키웠넌 바로 그 모습, 끝이 뾰족한 긴 타원형의 잎이 나왔습니다.

늦게 내민 아이들은 자라면서 가지마다 고운 꽃이 피었습니다. 하지만 먼저 태어난 손바닥 모양 잎을 데리고 나온 가지는 꽃은 피우지 못하고 잎만 무성하게 내밀고 비대해져 갔습니다. 나무 한 그루에 전혀 다른 개체가 태어나 함께 자라고 있는 이 모습은 '세상에 이런 일이'에 나올 것처럼, 오직 내 정원에서 마법이 일어난 것처럼 우쭐하기도 하였습니다. 2009년 8월 말, 어느 날 화원을 둘러보던 중 이 신비스런 두 모습의 비밀을 알았습니다. 한 나무에 두 종류의 잎을 가진 이상한 모습을 화원 주인에게 여쭈어 보았더니 자타피아나무에 마타피아를 접목했다고 하였습니다. 그것을 미처 생각하지 못하고 그렇게 신비롭다며 흥분하던 것이 참 싱겁게 끝나버렸습니다.

화원 주인의 이야기로 추론해 보면, 작년 갑작스런 추위에 얼어 죽어가던 나무에 강한 자타피아가 먼저 나와서 마타피아를 나오게 했던 것 같았습니다. 화원에서도 마타피아를 가끔은 자타피아라고 부르기도 하는 이유를 그제서야 알았습니다. 이름도 역시 두 개가 될 수밖에요. 이 두 아이를 계속 지켜보다 결국 잎과 줄기가 건강한 낯선 가지(자타피아)를 잘라버렸습니다. 혹시 새로운 꽃을 기다려 보았지만, 큰 잎 형태를 보아 꽃은 없을 것 같았고 서로 너무 다른 생뚱스런 모습일 뿐만 아니라 꽃이 없이 건강하게 자라

나무 한 그루에 전혀 다른 개체가 태어나 함께 자라고 있는 이 모습은
'세상에 이런 일이'에 나올 것처럼, 오직 내 정원에서 마법이 일어난 것처럼
우쭐하기도 하였습니다

결국 잎과 줄기가 건강한 낯선 가지(자타피아)를 잘라버렸습니다.

는 자타피아 때문에 마타피아가 예쁜 수형을 형성하지 못하고 허약해져 갔습니다. 그 건장한 가지를 자르고 나니 마타피아는 온전히 제 모습을 찾아가고 자타피아는 영영 나오지 않았습니다. 이제 무럭무럭 자라서 거목이 되어 여름에 넓은 그늘을 드리워 주는 앞뜰의 정자목이 되었습니다.

　그러다 또 다시 큰 시련이 왔습니다. 2012년 겨울 12월 중순 추위를 피해 거실로 온지 사흘 만에 이유도 없이 수많은 고운 잎들이 하나둘 떨어지기도 전에 모두 누렇게 말라 가지에 붙어 떨어지지 않았습니다. 온몸에 심한 화상을 입은 것처럼 처참하였습니다. 아름답던 모습은 순식간에 사라져 버렸습니다. 원인을 알 수 없어 속 태우며 아무리 생각해 봐도 알 수가 없었습니다. 이렇게 처참하게 서 있으니 당혹스럽고 안타까워 이 황당한 불행을 곰곰이 찾아보았습니다. 단 한 가지, 남편이 평소와 다르게 아침에 일어나 포근한 햇살과 화초들이 있는 이곳에서 쑥뜸을 했던 게 생각났습니다. 하지만 그 쑥뜸이 이렇게 망쳐놓을 수가 있을까? 의문이 들었지만 지금까지 여러 해 동안 다르게 한 것은 쑥뜸밖에 없었습니다. 그러나 왜 유독 이 아이만 그런지 알 수 없고요.

　주변의 함소화, 깅기아난, 제랴늄, 유도화(협죽도) 등 다른 식물에는 아무런 문제가 없었습니다. 혹시나 해서 남편에게 쑥뜸을 다른 곳에서 하라고 하였지만 확실한 원인을 찾지는 못하였습니다. 며칠 지난 후 우연히 마타피아와 쑥뜸 이야기를 하였더니, 바로 그

이제 무럭무럭 자라서 거목이 되어 여름에 넓은 그늘을 드리워 주는
앞뜰의 정자목이 되었습니다.

쑥뜸이 동양란을 상하게 한 경험이 있다는 사람을 만났습니다. 바로 쑥뜸이 원인이 되어 동양란처럼 마타피아에 치명적인 고통을 주는 것 같았습니다. 단 삼일 만에 모든 잎을 몽땅 쭈그러들게 말려 줄기에서 떨어지지도 않은 채 말라 버렸습니다. 너무나 답답하고 안쓰러운 모습을 그냥 바라만볼 뿐 내가 해 줄 수 있는 것은 아무것도 없었습니다. 별일 없는 듯 평소처럼 가끔 물을 주고 그냥 기다려 줄 수밖에 없었습니다. 유난히도 길게 느껴진 그해 겨울 내내 그 아래 밑둥치 부분에 녹색빛이 사라지지 않았나 들여다보고, 손톱으로 살며시 확인해 보면서 봄이 오길 기다렸습니다. 가지들 모두 말라버리고 도저히 살아날 기미도 보이지 않았던 아이가 봄이 오고 바깥의 제자리로 돌아가자 신선한 공기와 따스한 햇살 맞이하고는 기적처럼 실낱같은 새순을 내밀었습니다.

그러나 새순이 오월 초순까지도 힘차게 나오지 못해 애를 태우며 겨우 견디고 있을 쯤 거의 죽었던 또 다른 줄기에서 새순이 곧 터져 나올 듯 희미한 연둣빛 낌새가 보였습니다. 그제야 안심이 되어 주변을 정리해 주고 햇살을 좀 더 받을 수 있도록 도와 주고 이 아이 좋아하는 쌀 씻은 물을 틈틈이 주면서 가슴을 쓸어내립니다. 오랜 시간 힘들게 버려 온 마타피아에겐 오랜 기다림과 시간이 약이 되었습니다. 그 힘든 시간을 보내고 다시 태어난 마타피아는 더운 여름날 제 고향처럼 신나게 자라서 거실 넓은 창을 푸른 잎새들과 새빨간 꽃으로 장식하듯이 벌과 나비를 불러모으고 있습니다. 죽을 고비 겨우 넘기고서 치명적인 고통 속에서 오랫동안 힘들게 견디며 조금씩 자신의 능력으로 건강하게 회복된 모습이라 마냥 대견하고 흐뭇하였습니다. 무성한 잎, 작은 줄기 하나까지도 다 소중해 보였습니다. 그러나 참 아이러니하게도 그 소중함이 서서히 근심으로 변해 갔습니다.

환경이 너무 좋아 건강하게 자라나는 것이 문제가 되기 시작하였습니다. 고운 꽃망울 한아름 달고 무럭무럭 자라 끊임없이 꽃을 피우며 소담스럽게 자라 큰 거목이 되니, 한 평 정도의 좁은 거실의 작은 뜰에 비해 너무 큰 나무가 되었습니다. 하는 수 없이 앞뜰에서 함께 편히 살기 위해 예쁜 꽃망울 한아름 달고 쏙쏙 나오는 소중한 가지를 잘라야 했습니다. 또한 자리바꿈도 해주고요. 하지만 이게 끝이 아니었습니다. 안타깝게도 좋아하는 환경에선 성장이 너무 빨라 덩치를 키운 이 아이는 작은 공간에서 사는 서러움이 이만저만이 아니었습니다. 단 몇 뼘 안 되는 거리지만 벽면으로 자리바꿈 후 너무 많은 가지들이 햇살을 찾아 꽃을 피우려 앞으로 나오다 허리가 점점 휘어지는 바람에 멋스러운 모습은 점점 사라졌습니다. 스쳐 지나가는 바람이 부족하다며 작은 꽃줄기 사이에 새하얀 흰가룻병을 달고서 여름 내내 심란한 모습이 되기도 하구요. 그래도 약 10여 년 함께한 마타피아의 습성을 좀 알기에 작은 공간에서 여러 식물들이 조화롭게 살기 위해 모든 지식과 경험을 최대한 활용하였습니다. 참 괴롭지만 무성한 꽃가지도 적당히 잘라주

며 틈틈이 거름 주고 목마르지 않도록 물을 넉넉히 주면서 고운 눈길로 한동안 안락하게 살게 되었습니다. 이젠 제법 이 아이랑 여유롭게 서로 익숙해져 살다 보니, 이 녀석이 무엇이 필요한지 무엇을 좋아하는지 좀 안다고 자만하게 되었습니다.

그러자 또 다른 복병을 만났습니다. 우리 인생사에서 잠시 잠깐 자만하는 순간 그 자만이 독이 되는 것처럼, 또 다시 고질인 흰가룻병이 나타났습니다. 이 고질병은 이젠 쉽게 사라지지 않고 그 다음해 여름까지 달고 살았습니다. 마타피아의 아름다움에 치명적인 이 끈질긴 흰가룻병을 제거하기 위해 또 다시 전투가 시작되었습니다. 아는 지식을 총동원해 공기순환 잘 되라고 많은 가지는 매정하게 잘라 주고, 거의 사용하지 않던 살충제도 이용해 보았지만 전혀 도움이 되지 않았습니다. 마지막 남은 방법은 큰 화분을 분갈이해 주는 것이었습니다.

이 용기에서 오래 살아 그동안 자라난 뿌리들이 가득 채워 흙을 보유하지 못해 틈틈이 넣어주는 영양제로는 더 이상 감당이 되지 않은 것이라 판단했습니다. 무더위만 지나고 서늘한 바람 불면 하루 빨리 새 흙으로 분갈이를 해줘야지 기다리고 있었습니다. 하지만 기다리는 내 마음과 달리 어찌 그 해는 8월이 다 가도록 무더위가 물러가지 않고 버티고 있었습니다. 마타피아도 나도 서로 바라보는 것만으로 애가 탔습니다. 몇 번인가 그 무겁고 큰 화분을 뒤집어 분갈이를 하고 싶었지만, 고목이라 마음 다잡고 참고 기다렸습니다. 드디어 서늘한 가을바람이 불기 시작했습니다.

　이상하게도 서늘한 바람이 불어오자 하얀 가루는 서서히 사라지며 힘들어하던 모습도 서서히 덜해지고 내 급한 마음도 차일피일 며칠 미루다 보니, 며칠 사이에 신기하게도 감쪽같이 깍지벌레 모두 사라지고 싱그러운 잎 반짝이며 고운 꽃 살랑살랑 한껏 예쁜 모습으로 해맑게 꽃이 피었습니다. 일 년 이상이나 고생했던 그 병은 서늘한 가을바람이 불면서 저절로 사라졌습니다. 세상에는 알 수 없는 일이 너무나 많습니다. 내 어설픈 모든 생각을 멈추고 그냥 지켜보자, 신통하게도 그 해 가을 참으로 건강한 모습으로 예쁘게 잘 살았습니다

　짙푸른 녹색 잎들이 가을바람과 햇살에 가을빛으로 물들며 꾸준하게 꽃을 피우는 마타피아는 갑작스레 영하 3도라는 일기예보에 앞뜰 식구들 중 제일 먼저 거실로 들어왔습니다. 마타피아가 거실로 들어온 다음날 추위마저도 상쾌한 맑고 화창한 이른 아침 마타피아의 마법 같은 아름다움이 탄성을 자아냅니다. 창으로 들어온 이른 아침, 햇살이 마타피아의 싱그러운 검붉은 녹색 잎에 스며들어 빚어내는 아름다움은 찬란하고 황홀하였습니다. 가을빛으로 물든 감나무와 이른 새벽부터 감 먹으러 온 정겨운 새소리에 살포시 날아오르는 행복한 순간을 맞이합니다. 비록 이 가을에 나에게 닥쳐온 힘들고 답답하고 고통스런 일도 예기치 못한 어려움을 물리치고 더 왕성하게 살고 있는 마타피아처럼, 이 모든 것은 지나

신기하게도 감쪽같이 깍지벌레 모두 사라지고 싱그러운 잎 반짝이며
고운 꽃 살랑살랑 한껏 예쁜 모습으로 해맑게 꽃이 피었습니다.

간다고 위안하며 잊어버리게 됩니다. 이 어려움도 묵묵하게 순리에 따라 따뜻한 가슴으로 극복하다 보면 언젠가 신뢰와 희망으로 새로운 싹을 틔우고 꽃을 피워 열매가 되어 따뜻한 마음 나누며 옛이야기로 감사와 기쁨을 누릴 수 있는 행복의 순간이 올 거라고. 그 겨울 마타피아가 보여 주는 아름다운 풍경 속에서 그 해 유난히 힘들었던 내 마음을 다독였습니다.

꽃길

내가 좋아하는 가을꽃 아네모네, 용담, 쑥부쟁이가 해맑게 활짝 피었습니다. 구절초도 한두 송이 피기 시작했습니다. 청명한 가을하늘 아래 고운 꽃들 모두 만나서 동네 나비 모두 불러모아 그동안 살았던 세상 이야기 풀어놓고 꽃 잔치가 한창입니다. 오늘은 2013년 9월 30일, 큰아이 생일입니다. 무려 13년 만에 집에서 내가 끓여준 미역국과 팥밥을 먹은 날, 예쁜 우리 혜빈이가 처음으로 이모 생일축하를 노래 함께 불러준 날입니다.

그 노래 부르고 밤이 가면 또 다시 집과 가족 떠나 저 멀리멀리 자기 둥지로 돌아갈 아쉬움에 눈물이 나는데 억지로 울지 않으려고 웃음 짓는 큰아이를 보다가, 조용히 화장실로 들어갔습니다. 모두 별 탈 없이 잘 살고 있는데 왜 이렇게 눈물이 나는지. 큰아이는 이 귀한 시간이 아쉬워 온종일 거실에서 어린 조카 혜빈이랑 조금이라도 더 재미있게 놀며 예쁜 기억 담아 주려고 깔깔거리며 신나게 놀고 있었습니다. 그러다 틈만 나면 쳐다보고 울먹입니다. 자기가 좋아서 뜻을 세우고 멀리 가서 공부하고, 또 사랑하는 사람 만나서 일하면서 잘 살고 있으면서, 왜 이렇게 집에 왔다갈 때마다 마음 아파하고 힘들어 하는지 알 수가 없습니다. 나는 그냥 그 모습 보기 싫어 살며시 혼자 정원으로 나왔습니다.

정원에 핀 이 고운 꽃들은 내 마음 아는지 모르는지 그저 예쁘

고 아름답기만 합니다. 큰아이랑 공항에서 만나 얼싸안고 행복하게 손잡고 함께 집으로 왔을 때 한두 송이 고운 꽃잎을 펼치며 예쁜 모습으로 반겨주었던 보랏빛 쑥부쟁이랑 아네모네꽃이 이제는 한아름 피었습니다. 구절초도 피기 시작하여 가을꽃들이 모두 같이 어우러져 고운 꽃길을 만들었습니다. 해마다 만나는 이 고운 전경에 나는 참 반갑고 좋아서 미소 지으며 행복해집니다. 그러나 이 미소도, 이 행복도, 이 시간의 아름다움도 다 지나갑니다. 그러나 큰아이와 헤어질 때처럼 눈물은 나지 않습니다. 이 아이들도 큰아이처럼 내년에 또 다시 예쁜 모습으로 다시 만날 테니까, 언제나 참 반갑고 예쁘기만 합니다.

작은 것의 행복

：

까다롭고 고집 센 금창초와 살아가는
작은 아이들의 오손도손 이야기

거실 앞 작은 뜰 난간 위에는 흙도 물도 거의 담지 못하는 수반
이 넓은 화분이 되어 암석과 작은 꽃들로 꾸민 풍경이 있습니다.
그 수반에는 화산석으로 바위산을 만들고 바위산 아래에는 작은
마사 돌을 깔아 평원을 만들었습니다. 흙도 거의 없는 척박한 환
경에서 추운 겨울도 거뜬히 이겨내고 살아가는 강인한 작은 아이
들이 살아가고 있습니다. 이곳은 산골 마을이 되기도 하고, 때론
야생의 황량한 들판이 되기도 합니다. 시작은 오래전 평소에 즐
겨 하고 좋아했던 석부작을 만들고 난 뒤부터였습니다. 화산석에
자그만 철쭉을 심어 하얀 플라스틱 수반에 올려 두고 작은 마사를
깔아 풍경을 조성하였습니다.

내 손길로 조성한 어린 철쭉은 사라지고 그 곳에 언제 들어와 터

거실 앞 작은 뜰 난간 위에는 흙도 물도 거의 담지 못하는
수반이 넓은 화분이 되어 암석과 작은 꽃들로 꾸민 풍경이 있습니다.

를 잡았는지 알 수 없지만 조그만 잡초 같은 특이한 아이들이 송글 송글 태어났습니다. 그 모습이 하도 귀여워서 그냥 두었더니 보살 핌도 없이 스스로 건강하게 자라 한 해 두 해 지나면서 하얀 수반 이 넘치도록 가득 채우고, 늦은 봄날 잔잔하게 연분홍꽃이 가득 피 어납니다. 얼마나 귀엽고 예쁜지 반가움으로 눈 맞추고 미소 지으 며 봄날이 가고 여름이 갔습니다. 이 아이들은 점점 수반이 넘치도 록 식구를 불려갔습니다. 요 녀석들만 가득 담긴 하얀 플라스틱 수 반이 조금씩 초라해 보이기 시작하자, 창고에 놀고 있는 하늘색 도 자기 수반에 옮겨 담아 두 개의 화산석으로 바위산을 만들고 바위 산 틈 사이에 생명토(보수력과 뿌리 활착을 원활하게 해주는 찰흙)를 바르고 심산 앵초를 심었습니다. 앵초는 물을 좋아해서 물이 쉽게 증발하 지 않도록 주변으로 이끼를 심었습니다. 이 작은 아이들은 흙도 거 의 없는 건조하고 척박한 환경에 살았던 터라 그냥 그대로 마사 돌 만 조금 더해 바위산 아래 바닥에 조심조심 옮겨 주었습니다. 물을 좋아하는 앵초와 건조한 환경을 좋아하는 아기 다육이, 상반된 습 성과 환경이 만나 이 작은 수반 위에서 서로 잘 적응해 주길 바라 며 모험을 한 셈입니다.

걱정 반 기대 반으로 실행한 결과, 정말 예쁘게 자랐습니다. 하 루는 "언니야, 참 예쁜 아이가 꽃을 피우고 있어." 너무 예뻐서 하 루에도 몇 번씩 본다며 동생 같은 이웃이 나 없는 사이에 이 아이 들에게 물을 주고 돌보면서 꽃을 피우는 모습에 정이 듬뿍 들었나

그러나 결국 나지막한 수반 풍경에 어울리지 않게 무성한 잎을 펼쳐내며
자라나는 심산 앵초는 이곳을 떠나야 했습니다.

봅니다. 이 작은 식물의 눈높이에 맞추어 돌보는 사람에게만 연분홍꽃이 보일 듯 말 듯 잔잔하게 꽃을 피우는 귀엽고 사랑스런 모습이 보인답니다. 돌 틈에서 살고 있는 심산 앵초도 진한 분홍빛 꽃을 곱게 피우며 여름날에는 더욱 신나서 연둣빛 녹색 잎을 한아름 펼쳐내며 산언덕처럼 의지한 화산석을 뒤덮고 구슬바위솔(화원에서 부르는 이름)과 낮은 수반의 풍경에 전혀 어울리지 않는 모습으로 푸르름을 펼쳐냅니다. 이 작은 공간에서도 환경과 습성이 전혀 다른 식물이 함께 살아가는 모습은 그저 신통하기만 합니다. 그러나 결국 나지막한 수반 풍경에 어울리지 않게 무성한 잎을 펼쳐내며 자라나는 심산 앵초는 이곳을 떠나야 했습니다.

심산 앵초가 살던 곳에는 환경과 습성이 비슷한 무늬꽃다지와 앞뜰 디딤돌에서 해마다 고생하는 금창초를 데려다 심었습니다. 금창초는 건조하고 햇볕을 좋아하고 척박한 환경에서만 귀여운 꽃을 보여주는 고집쟁이랍니다. 작은 금창초는 앵초가 살던 이 바위틈도 흙이 많아 조금 껑충하게 자라서 미운 모습이었지만, 무늬꽃다지랑 금창초랑 셋 모두 비슷한 환경과 습성을 가졌기 때문에 그리 까다롭게 관리하지 않아도 얕은 수반에서 잘 지내다 겨울이 지나가고 새봄을 맞이합니다. 드디어 한 아이가 꽃을 피워냅니다. 보기만 해도 웃음이 절로 나오는 귀한 보석 같은 아이가 3월이 끝날 무렵 드디어 꽃을 피워냅니다. 가슴 두근거리며 내려다봅니다. 한겨울 내내 이 시간을 기다렸습니다. 앙증스러운 진보랏빛 꽃을 참 오랜 세월 기다렸습니다. 요 작은 아이는 허리와 무릎 굽히고 고개 숙여서 보지 않으면 그냥 스쳐버리는 조그만 잡초입니다. 하지만 나에겐 당당하고 오만하고 까다롭지만, 나를 유혹하는 금창초입니다. 예쁜 모습 보기만 해도 웃음이 배시시 흘러나옵니다. 얼마나 귀엽고 예쁜지 나도 덩달아 귀여운 아이의 순진무구한 세계로 빠져듭니다. 이 꽃을 처음 만난 날은 아주 오래전 따스한 봄날, 많은 사람들이 다니는 조그만 산언덕 메마른 길바닥이었습니다. 아차 하면 사람들에게 밟혀 아무도 모르게 사라질 그런 위험한 곳에서 오물오물 꽃을 피우고 있었습니다.

　예쁘고 귀여운데, 그냥 두면 제 명에 살 수 없을 거 같아 조심스럽게 데리고 나와 잘 간직하였으나 집에 와서 찾아보니 어디론가 사라져 버렸습니다. 너무 애석하고 미안했습니다. 훗날 군에 입대하기 전에 아들과 둘이 홍도 여행을 가던 중 전라도에서 이 꽃을 다시 만났습니다. 독특한 돌과 골동품을 파는 가게 앞 햇살 가득한 넓은 마당 메마른 땅에서 소담스럽게 무리를 지어서 꽃을 한 아름씩 피우고 있는 모습이었습니다. 너무 반가워 얼른 돌 몇 개를 사고 주인에게 몇 포기만 가져가고 싶다고 부탁을 하니, 주인은 저 잡초를 왜 가져가려고 하는지 모르겠다는 의아한 표정으로 얼마든지 가져가도 좋다고 했습니다. 아주 소중히 데려와 햇살이 좋은 앞뜰에 심어 두고서 예쁜 모습을 기다렸습니다. 하지만 이게 어쩐 일일까요? 처음 만났을 때 그 귀엽고 예쁜 모습은 보이지 않

예쁜 모습 보기만 해도 웃음이 배시시 흘러나옵니다.
얼마나 귀엽고 예쁜지 나도 덩달아
귀여운 아이의 순진무구한 세계로 빠져듭니다.

고 뚱뚱한 잡초가 되어 정원 여기저기에서 나타났습니다. 너무 실망스러웠습니다. 그래도 잘 적응해 꽃을 피우길 몇 해 기다렸지만 그 앙증맞은 귀여운 꽃은 보여주지 않았습니다. 꽃을 피우지 못하는 원인을 찾기 위해 이런저런 궁리하며 달이 가고 해가 갔습니다. 어느 가을날 갑자기 기발한 생각이 떠올랐습니다. 꽃을 못 피우는 이유는 아마도 앞뜰 환경이 금창초에겐 너무 습하고 영양이 과해, 몸이 비대해져 꽃을 맺지 못한다는 생각이 들었습니다.

정원 이곳저곳에서 뚱뚱한 몇 녀석을 데리고 나와 흙과 물을 거의 담을 수 없는 아주 얕은 화분에 심어주기로 했습니다. 그러고서 정원에서 여기저기 뒹굴고 있는 작은 화산석 용기를 찾아 심어두고, 또 다른 몇 아이들은 조그만 다육이들이 터를 잡고 사는 수반 위 바위에도 심었습니다.

긴 기다림과 그 노력에 응답해 주듯이 모두 건강하게 그 해 가을, 겨울 잘 지내고서 새 봄날 요렇게 귀여운 모습으로 꽃이 피었습니다. 오랫동안 기다려온 나의 숙원이 이루어진 봄날이었습니다. 먼저 바위틈에 살고 있었던 무늬꽃다지도 우리집에서 처음으로 겨울을 지내고 봄 햇살에 생기를 찾아 4월이 지나갈 무렵 드디어 연보랏빛 꽃을 귀엽게 피우고 있었습니다. 오월에는 연이어 조그만 구슬붕이도 연분홍빛으로 잔잔하게 꽃을 피워내고요. 이 고운 풍경은 눈여겨보지 않으면 대부분 그냥 지나치기 마련이라, 정원을 방문하는 사람들에게 이 작고 참한 아이들 좀 보라고 손잡고

먼저 바위틈에 살고 있었던 무늬꽃다지도 우리집에서 처음으로
겨울을 지내고 봄 햇살에 생기를 찾아 4월이 지나갈 무렵
드디어 연보랏빛 꽃을 귀엽게 피우고 있었습니다.

데려와야 합니다.

그 소중한 모습들도 서서히 사라지고 한겨울 잘 지냈다며 안심했던 무늬꽃다지는 오래 살지 못하고 사라져 버리고, 금창초도 아쉬움만 남기고 온데간데없이 사라졌습니다. 금창초는 씨를 뿌린 첫해는 싹이 나고 자라지만 꽃은 피우지 못했습니다. 이듬해 꽃을 피우고 씨를 만들고 죽는 이년생 초본이라 사라져버리는 것은 당연합니다. 그러나 금창초와 무늬꽃다지가 사라진 그 자리가 하도 허전해 앞뜰 이곳저곳에서 잡초처럼 태어난 강한 벌개미취 하나를 심었습니다. 역시 이 강인한 생명력은 흙도 거의 없는 곳에서도 왕성하게 자라서 기형적인 모습으로 주변의 평화로운 전경을 모두 망칠 것 같아 몇 번이나 건강한 잎을 잘라내야 했습니다. 그러던 어느 날 사라진 금창초 자손들이 옹기종기 태어나고 있었습니다. 어린 금창초들과 스스로 날아온 잡초들과 난쟁이 구슬붕이랑 어떻게 어우러져 지낼지 참 궁금하였습니다.

오월의 어느 날 바위틈에서 그리 귀염 받지 못하고 살고 있는 바위취가 실가지에 하얀 꽃을 내밀고서 우아하게 날아오릅니다. 바위취는 그냥 던지듯이 두어도 건강하게 잘 사는 녀석이라 흙도 거의 없는 얕은 수반에 금창초랑 친구 삼아 살라고 바위틈 한구석에 심어 두었는데, 역시나 이곳에서도 잘 자라 오동통한 몸매에 커다란 잎을 달고서 작은 금창초를 밀어낼 듯해서 얼른 데리고 나왔습니다. 그러나 이미 뿌리에서 뻗어난 한 녀석이 터를 잡고 훌

오월의 어느 날 바위틈에서 그리 귀염 받지 못하고 살고 있는
바위취가 실가지에 하얀 꽃을 내밀고서 우아하게 날아오릅니다.

쩍 자라서 긴 꽃대 하나 올려서 꽃을 피우고 있습니다. 30여 년 동안 함께 살면서 이 아이의 꽃이 이렇게 귀여운 줄 처음 알았습니다. 이제야 알아본 우아한 꽃을 가까이에서 눈여겨보았더니 두 귀를 쫑긋 세우며 펼쳐 낸 꽃잎이 작은 토끼 귀처럼 하도 귀여워 카메라 렌즈로 담아 보니 이렇게 예쁜 모습으로 꽃을 피우고 있었습니다. 연약하고 볼품없고 희미했던 꽃이 이렇게 우아하고 예쁜 모습으로 오랜 세월 꾸준히 피었건만, 예쁜 눈길 한 번 받지 못했습니다. 불쌍한 바위취가 이렇게 곱다고 대접받기는 처음입니다. 나지막한 풍경 속에서 피어난 이 잔잔한 아름다움이 참 사랑스럽습니다.

바위취가 꽃을 피우고 사라진 후 바위 아래 작은 돌밭에는 작은 키를 꼿꼿이 세우고 연분홍 꽃망울 봉곳이 올리며 꽃을 피우려고 준비하고 있는 난쟁이 구슬붕이가 드디어 쪼그마한 꽃잎 다섯 장을 활짝 열고서 꽃을 피웠습니다. 이 아이들 틈 사이에 귀여운 금창초가 꽃을 피우고 씨를 뿌려 이곳저곳에서 후손들이 탄생하는 모습이 예사로워 보이지 않습니다. 웬일인지 늦여름부터 턱 하니 한둘씩 나타나더니 바윗돌 언덕 아래 제멋대로 들어와 금창초 세상이 되었습니다. 오랫동안 귀여운 꽃은 보여주지 않고 힘들게 하더니, 작은 수반 위 척박한 환경이 좋은가 봅니다.

산언저리에 작은 평원이 생겼습니다. 금창초와 바람에 날려온 이질풀도 함께 살고 있네요. 바로 건너편 자갈마을에 사는 구슬붕

금창초가 혹한의 추위에도 이 얕은 바위에서
보랏빛 꿈을 키우며 살고 있네요.

이는 한여름 우기에 거의 녹아 사라지더니, 맑은 가을 햇살에 또다시 올망졸망 정답게 태어나고 있습니다. 아마도 이제 이 얕은 수반 위에 어설픈 내 손길은 더 이상 필요하지 않을 것 같습니다. 나지막한 수반에서 자연 섭리로 맞이하는 계절의 햇살과 그늘과 바람이 빚어내는 작은 생명의 신비와 아름다움으로 사계절의 운치를 만끽할 수 있습니다. 금창초는 매서운 추위에도 이 얕은 바위틈에서 꿈을 키우며 살고 있네요. 예쁘다 귀엽다며 자꾸 눈길가고 손길가면 싫다고 사라져버리는 조심스러운 녀석이라, 그저 멀리서 바라만보다 따뜻한 날이 계속 되는 날 행여나 목이 탈까 조심스럽게 다가가 이 겨울 잘 지내 달라고 중얼거리며 물 한 바가지 주고 옵니다.

역경을 이겨낸 브룬펠시아

　나랑 살면서 유난히 어려운 고비를 넘기고 힘들게 살았던 아이가 있습니다. 우리집 다섯 정원을 다 경험한 식물은 바로 이 브룬펠시아뿐입니다. 수년 동안 이곳저곳 전전하다 드디어 물정원에서 자신의 아름다움을 펼쳐내는 브룬펠시아 꽃이 가득 피었습니다.

　정원에 꽃향기가 가득합니다. 이제야 이 꽃의 지난 이야기를 하려고 합니다. 인연은 참으로 길고 깁니다. 벌써 30여 년이 훌쩍 지났나 봅니다. 정원이 있는 이곳으로 처음 이사를 와 지금의 정원이 탄생하기 전, 양지바른 현관 입구 계단에서 아주 곱게 꽃을 피우며 오는 사람 가는 사람에게 고운 향기 전해주며 아주 예쁜 모습으로 행복하게 살고 있었습니다. 그러나 이 아이의 불행은 온실이 탄생하면서부터 시작되었습니다. 추위에 유난히 약한 아이라 겨울이 오면 거실로 피신해야 합니다. 해가 갈수록 무럭무럭 자라서 덩치가 점점 커지니 화분도 커지고 무거워져서 해마다 겨울만 되면 거실로 들여놓기가 참 힘들었습니다. 온실이 만들어지자 다행히 이 아이는 강한 햇살보다 걸러진 밝은 햇살을 좋아해 유리 온실이 안성맞춤이었습니다. 얼른 화분에서 꺼내 동백, 천리향과 함께 심어 주었습니다. 안타깝게도 바로 이 시작이 이 꽃을 죽음에 이르게 하였답니다. 처음으로 맞이한 온실이라 미숙함도 많았고요.

온지 며칠 되지 않아 그동안 못다 핀 것을 만회하려는 듯
기형적인 억센 줄기와 잎 사이로 꽃이 정신없이 피기 시작했습니다.

서향과 동백에게 기온을 맞추다 보니 브룬펠시아는 너무 추워 그 해 겨울 거의 얼어 죽게 되었습니다. 정든 이 아이가 행여 살아날까 옆에 두고서 2년 동안 겨우 목숨만 이어가는 형편없는 모습에 나 역시 갈등이 많았습니다. 그냥 버려 버릴까 생각도 들었지만, 그동안 함께 산 세월의 정으로 포기할 수는 없었습니다. 겨우겨우 버티다가 죽은 가지, 이상한 모습의 수형을 바로잡기 위해 큰 나무를 힘들게 끙끙거리며 데리고 나와 자르고 다듬고 정리해 다시 화분에 심어 주었더니 신통하게도 새순들이 건강하게 다시 나왔습니다. 다시 잘 자랄 수 있게 햇살과 그늘이 있는 거실 앞 작은 뜰에 두었지만 어쩐 일인지 잎사귀만 무성하고 꽃은 거의 볼 수 없었습니다.

하는 수 없이 햇볕이 과하지만 온종일 햇볕이 있는 용기정원에 두기로 했습니다. 이 아이에게 무리일 것 같았지만 살기 위해 환경에 적응하리라 믿고 몇 개월 두었더니 꽃은커녕 잎은 강한 햇살에 누렇게 변하고 줄기는 기형적으로 굵어지면서 본래 모습은 조금씩 사라지고 기형적인 모습으로 변해 갔습니다. 안타깝게도 브룬펠시아는 강한 햇볕을 싫어하지만, 그 장소에 적응하려고 얼마나 노력하고 힘들어하고 있는지 보여 주고 있었습니다.

환경이 얼마나 중요한 것인지 다시 가르쳐 주었습니다. 더 이상 그 곳에 있다면 브룬펠시아가 아닌 다른 기형적인 나무가 될 거 같아서 하는 수 없이 좁은 공간이 더 작아 보이지만 거실 앞뜰로 다

물정원으로 온 후 날이 가고 달이 갈수록 차츰 안정을 찾았고 그 다음해 봄날
처음 계단에서 살 때처럼 4월부터 보랏빛 꽃망울 한두 송이 태어나더니
5월에는 하얀색, 보라색 꽃을 한아름 피우며 아름다움을 신나게 펼쳐냅니다.

시 데려왔더니 이게 어찌된 일입니까. 온지 며칠 되지 않아 그동안 못다 핀 것을 만회하려는 듯 기형적인 억센 줄기와 잎 사이로 꽃이 정신없이 피기 시작했습니다. 아마 그동안 햇볕은 충분히 받아서 모습은 기형적이 되었지만, 꽃눈은 듬뿍 받았나 봅니다.

날이 가고 계절이 지나가면서 서서히 제 모습을 찾아가기 시작했습니다. 하지만 앞뜰의 거목 마타피아와 함께 있기엔 둘 모두 덩치가 커져 답답할 뿐 아니라 작은 꽃들이 살 수 없었습니다. 서로를 위해 또 다시 이사를 단행해야 했습니다. 다섯 정원 중 거실 앞 작은 뜰과 비슷한 환경인 이층 물정원으로 데려갔습니다. 물정원으로 온 후 날이 가고 달이 갈수록 차츰 안정을 찾았고 그 다음해 봄날 처음 계단에서 살 때처럼 4월부터 보랏빛 꽃망울 한두 송이 태어나더니 5월에는 하얀색, 보라색 꽃을 한아름 피우며 아름다움을 신나게 펼쳐냅니다. 드디어 2012년, 편안히 쉴 곳을 찾았습니다. 참 신기하지요. 나에겐 물정원이나 거실 앞 작은 뜰이나 두 곳 다 비슷한 환경 같아 보이지만, 섬세하고 예민한 꽃들에겐 확연히 다른가 봅니다. 이제 더 이상 고생하지 않고 서로 미안해하지 않아도 될 것 같았습니다. 그동안 너무 힘들었던 세월이라 서로 바라보며 그동안 힘든 고비 잘 참고 견디어주어 고맙다고 안도의 눈길을 주고받습니다.

이젠 겨울이 오면 이 덩치 큰 아이 무겁다며 가끔 불평하는 남편에게 지난 긴 사연 이야기해주며 거실로 데려옵니다. 거실 창가에 편히 살다 추운 날들이 지나가고 저 멀리서 봄기운이 서성이는 2월이면 거실에서 한 달 동안 꽃을 피웁니다. 브룬펠시아 꽃향기가 집안에 가득합니다. 하지만 남편은 자꾸만 이상한 냄새가 난다고 합니다. 나에겐 꽃향기이지만, 진한 향기가 남편에게는 많이 거북한 것 같습니다. 한두 송이 꽃만 피어도 고운 꽃향기가 집 안에 가득합니다.

브룬펠시아는 영어 별명이 'yesterday-today-and-tomorrow'라고 합니다. 참 재미있는 이름이죠. 어제, 오늘, 내일의 꽃 색깔이 매일 달라지기 때문에 이런 별명이 붙은 게 아닐까 생각되기도 합니다. 처음 꽃을 피울 땐 보라색으로 피고 그 다음날은 연보라색 그 다음날은 하얀색으로 변해갑니다.

나비를 유혹하는 부들레이아

풀잎을 한입 물고 하늘 높이 날아오르는 귀여운 새를 본 적이 있나요? 의젓한 소나무 건너 맞은편 단풍나무 아래 귀여운 새 한 마리가 가을 준비하는 구절초들과 놀다 잎 하나 물고 요리조리 팔랑이다 하늘 높이 날아갑니다. 막무가내로 잎을 펼쳐내는 비비추와 붓꽃, 제 몸도 가눌 수 없도록 큰 꽃을 피운 수국 등 우거진 잎새들로 무질서한 7월의 문턱에서 낭만적인 부들레이아가 높게 키를 키우고 이파리를 펼치고 신나게 꽃을 피워 물정원을 조그만 숲속 풍경으로 만들었습니다. 이 보랏빛 아이는 한여름 날의 아름다움을 펼쳐내는 주인공 부들레이아입니다.

연보랏빛 작은 꽃을 소복이 모아 커다란 꽃다발 만들어 풍성하게 꽃을 피우며 하루에도 수없이 나를 물정원으로 부릅니다. 이 아이 이렇게 귀엽고 아름다운 모습으로 물정원에서 살 줄은 꿈에도 몰랐습니다. 오래전 화원을 둘러보다 조그만 화분에서 자기보다 덩치 큰 보랏빛 꽃 한 송이를 피우고 있는 기이한 귀여움에 그냥 가격을 물어보니 생각보다 싼 값에 인연이 된 아이입니다. 그러나 이 아이에 관해 아는 것도 없을 뿐만 아니라 특별히 두고 싶은 곳을 정하지 못한 터였습니다. 회색빛이 감도는 억센 잎사귀를 지니고 있어 햇살을 좋아할 것 같은 작은 나무였습니다. 모양새로 보아 햇살이 좋은 곳이면 될 것 같아 화분에서 데리고 나오지도

않고 햇살이 많은 물정원 화단 소나무 곁에 간단히 심어 두었습니다. 작은 아이가 얼마나 좋았는지 그 해부터 신나게 자라는 모습이 감당이 되지 않았습니다. 그 다음해 이른 봄부터 내민 여린 가지들을 일찌감치 모질게 자르다 보니 왠지 불쌍하고 미안해 제일 튼튼한 한두 가지만 남겨 두었습니다. 그 한 가지가 튼튼하게 자라 실가지 내밀며 하늘 높은 줄 모르고 죽죽 뻗어 올라가더니, 초여름 가지마다 연둣빛 꽃망울 한아름 내밀고서 작은 바람에도 살랑살랑 높이 자라 수많은 꽃망울 키웠습니다. 장마가 시작되고 보랏빛 꽃망울이 무거워 허리가 굽어져 다소곳이 고개 숙이면서 주변과 더 어우러졌습니다. 한여름 무더위에 어수선하던 물정원에서 부들레이아가 펼쳐내는 아름다움에 하루에도 몇 번씩 바라보았습니다.

하늘 높이 피어 올랐던 고운 꽃들이 서서히 시들어 고개를 푹 숙인 모습이, 새로 핀 맑고 고운 꽃들까지 미운 모습으로 만들어 버렸습니다. 결국 시든 꽃들을 모두 잘라 내야 했습니다. 새롭게 핀 어린 꽃들은 다시 생기를 찾아 고운 모습으로 오랫동안 꽃을 피우며 또 다시 나를 부릅니다. 때론 새로운 꽃을 위해 시든 꽃을 하나둘 잘라내고 있을 땐, 서글퍼지기도 합니다. 우리 삶도 이와 같은 것, 나 이 세상 떠날 땐 기꺼이 미련 없이 고운 모습 그대로 꽃이 지는 동백꽃처럼 떠나고 싶다고 소망해 봅니다. 이 또한 욕심이겠지만, 그래도 계속 간절히 기도합니다.

연보랏빛 작은 꽃을 소복이 모아 커다란 꽃다발 만들어 풍성하게 꽃을 피우며
하루에도 수없이 나를 물정원으로 부릅니다.

수련과 비둘기, 우렁이

용기정원에는 10년이 훌쩍 넘게 끌어안고서 애증의 세월을 보내고 있는 수련과 연꽃이 살고 있습니다. 그 연과 수련이 사는 연통에는 애타게 기다리는 연꽃과 수련꽃은 풍성하게 피지 않고, 언제 어떻게 살게 되었는지 이유는 알 수 없지만 우렁이가 많이 살고 있습니다. 동생이 우렁이를 키우고 싶다 하기에 우렁이를 잡으러 용기정원으로 갔습니다. 비둘기를 모여들게 하는 성가신 우렁이가 동생에게는 귀여운 녀석으로 보였나 봅니다. 그런데 막상 찾으려고 하니 그렇게 많던 우렁이가 하나도 보이지 않았습니다.

며칠 전 수련 잎만 무성한 무심한 수련 통에서 막 꽃을 피우려고 꽃 문을 여는 아이와 제법 큰 꽃망울이 봉곳이 올라오고 있었습니다. 그 순간 얼마나 반가운지 그렇게도 기다렸던 수련꽃이 한꺼번에 세 송이나! 싱그러운 수련 잎에 가려 꽃을 피우려고 하는 또 다른 예쁜 아이들이 잘 보이지 않아 봉곳이 올린 꽃송이 주변 수련 잎 몇 개를 제거해 주고 내려 왔습니다. 그런데 우렁이를 잡으러 다시 올라가니 예쁘게 모여 꽃을 피우던 아이들 중 하나는 껑충한 모습이 되었고, 다른 한 아이는 지지대를 잃어버려서 연잎에 의지하던 그 꽃송이가 너무 무거웠는지 거의 쓰러져가고, 나머지 아이들은 제대로 꽃을 못다 피우고 물속으로 넘어져 있었습니다. 가슴이 철렁 내려앉았습니다.

수련 꽃망울들이 여기저기 탐스런 모습으로 올라오고 있었습니다.
세상에 이런 일이, 오랫동안 애타게 기다렸던 그 모습을
완전히 포기하고 내 마음 비우고 나니
이렇게 하나둘씩 연이어 반가운 꽃망울을 올리고 있었습니다.

무성했던 수련 잎들이 지지대 역할을 하고 있다는 것을 모르고 편히 꽃을 피울 수 있도록 도와준다면서 주변 연잎을 잘라버린 게 화근이 되어버렸습니다. 처한 상황을 정확히 파악하지 못하고, 이 미련한 욕심이 삶의 절정인 아름다운 순간을 망쳐버렸던 것입니다. 너무 애통하고 미안해 물속에 빠져 있는 꽃망울을 일으켜 세우려고 아무리 애를 써 봐도 그냥 힘없이 축 늘어져 물속으로 자꾸만 쓰러졌습니다. 바로 옆에서 지켜주는 잎들이 필요할 뿐 내 손길과 내 마음은 아무런 도움이 되지 못했습니다.

이미 엎질러진 물, 고운 꽃 더 보고 싶은 욕심과 사려 깊지 못한 행동을 한없이 후회하며 주변을 내려다보니 이게 웬일입니까! 바로 그 주변으로 수련 꽃망울들이 여기저기 탐스런 모습으로 올라오고 있었습니다. 세상에 이런 일이, 오랫동안 애타게 기다렸던 그 모습을 완전히 포기하고 내 마음 비우고 나니 이렇게 하나둘씩 연이어 반가운 꽃망울을 올리고 있었습니다. 식물의 삶이나 우리의 삶이나, 삶은 참으로 오묘하네요.

10년이 훌쩍 넘게 끌어안고 내 욕심껏 꽃을 못 피운다고 섭섭해 원망의 눈길 보내며 계속 키워야 하나 그만둘까 갈등한 애증의 세월이 너무 길었습니다. 이젠 마음을 단단히 먹고 인연의 끈을 끊기 위해 초겨울에 수련도 연도 거두지 않고 연통과 수련 통에 물도 채워 주지 않고 방치해 두었습니다. 겨울 내내 틈틈이 바라보면서 어수선하던 연들과 수련 통을 멀리 보내고 어떤 식물들로 대신할까 상상하면서 새로운 용기정원을 꿈꾸며 봄을 기다렸습니다.

유난히도 힘들었던 그 해 겨울, 그 겨울이 가고 새 봄이 왔지만 몸과 마음이 너무 힘들어 매화꽃이 왔다가 가는 줄도 모르고 지나간 3월의 끝자락이었습니다. 마침 그 날은 아들의 결혼식 날, 이른 아침 그동안 힘들었던 긴 여정을 마무리하고 나도 모르게 무심히 발길이 용기정원에 닿았습니다. 무심히 내려다본 순간 깜짝 놀랐습니다. 전혀 생각도 못했던, 상상할 수 없는 일이 일어났습니다. 엄마야, 어찌 이런 일이! 메말랐던 연통 맑은 물속에 연둣빛 어린 잎들이 살며시 내밀고 있는 신비한 모습을 보았습니다. 한겨울 추위에 당연히 모두 사라진 줄 알았던 수련들이 모두 소생하고 있었습니다. 참으로 어처구니가 없어 난감한 한편, 신기하고 반가웠습니다. 모질게 인연의 끈을 끊으려고 힘들게 노력했던 그 마음이 허망해졌습니다. 메마른 용기 속에서 추운 겨울을 견디고 다시 소생하는 기적 같은 생명의 놀라움과 신비로움이 예사롭지 않았습니다. 자연이 나와 아들에게 주신 축복의 선물 같았습니다.

10여 년 동안 고운 꽃 피우려고 애착을 가지면서 힘들게 키워왔던 연들과 수련이, 이제 30여 년 꿈과 희망으로 바라본 아들에게 욕심과 집착을 버리고 우주 만물의 순리에 따라 살아가라는 가르침을 주는 것 같았습니다. 참 신기하게도 겨우내 메마른 연통에 물이 가득한 것은 계속되는 따뜻한 날씨에 서재에서 약 다섯 달 동안

물 한 방울 먹지 않고도 잘 견딘 플루메리아를 가지고 나와 물을 듬뿍 주면서, 아무 생각 없이 메마른 다른 화분에도 물을 채워 놓았던 모양입니다. 이 우연함이 필연되어 우리 인연이 다시 이어져 이렇게 신통한 모습을 보여줍니다.

어떤 새들은 바람이 가장 강한 날 집을 짓는다고 합니다. 강한 바람에도 견딜 수 있는 튼튼한 집을 짓기 위해서라고 합니다. 더 신통한 것은 꽃을 피우는 수련 통 바로 곁에는 다른 연통과 수련 통이 있었지만 유독 꽃을 한아름 피우는 이 통에만 잡초도 거의 없이 수련 잎들만 무성하더니 이렇게 많은 꽃망울을 보내줍니다. 똑같은 환경과 부모에서 태어난 자식도 아롱이다롱이 다르듯이 오로지 이곳에서만 지금까지 애타게 기다렸던 그 모습으로 꽃망울이 계속 올라오고 꽃이 피어납니다. 만물이 때가 되면 인연이 되어 꽃을 피우기도 하고 그냥 지나쳐 가기도 한다는 것을, 그러나 내 어찌 우주의 미묘한 신비로움과 위대함을 알 수 있을까요. 하지만 바로 지금 이곳에서 내 삶을 뒤돌아봅니다. 지금까지 살아오면서 내 어설픈 생각과 지식으로 판단하고 확신한 일들이 얼마나 많았을까요. 그 일로 다른 이들에게 나도 모르게 무지의 잘못을 참 많이 저질렀겠지요. 아니, 가장 가까이 내 아이들에게 당연하다고 옳은 일이라고 강요하면서 엄마의 사랑이라는 그 마음으로 힘들게 하였을 지난날들을 돌이켜보며 아직도 내 마음에 심어둔 욕심들을 하나둘씩 털어냅니다.

이 커다란 연잎도 비가 내리면 빗방울을 감당할 수 있는 무게만 담고 있다가
그 이상 넘으면 미련 없이 비워버리듯이, 나에겐 연과 수련이
아름답게 펼쳐내는 고운 꽃 꿈은 아무래도 과한 욕심이었나 봅니다.

고운 꽃을 풍성하게 피우며 무럭무럭 건강하게 자라서 환희와 희망을 가득 심어 준 녀석들, 그 해 겨울은 큰 추위도 없었건만 매화꽃이 떠나가고 사월이 오면 당연히 다시 만날 줄 알았습니다. 그러나 허망하게도 다시 이어진 연과 수련은 영영 소식 없이 사라져버렸습니다. 예상하지 못한 기쁨과 실망과 허망함이 컸습니다. 삶은 언제나 아이러니의 연속인가 봅니다. 한겨울 동안 꽁꽁 얼었던 연통이 녹을 무렵, 연통 속 고동을 먹기 위해서 봄맞이도 하기 전 먼저 오는 극성스런 비둘기 녀석을 멍하니 바라보다 아차 하고 스쳐가는 어렴풋한 짐작을 이제서야 알 것 같습니다. 수련과 연꽃이 마음껏 꽃을 피우지 못하고 이유도 없이 가버린 것은 고동을 먹으러 오는 비둘기들 때문이라고. 이른 봄날부터 극성스럽게 날아와 연통이 꽁꽁 얼 때까지 수련 통에서 물 먹고 목욕하고 우렁이 잡아먹으며 수련 잎, 연잎 모두 쪼아 구멍 내고서 엎어지고 자빠지고 난동을 부리는데 고요함을 좋아하는 수련과 연이 어찌 이 난동 속에 꽃을 피워낼 수 있을까요? 수련과 연통이 있는 날까진 이 녀석들의 난동은 이어질 것이고 나는 계속 심술첨지가 되어야 하고 참 난감합니다. 우리 남편 저 녀석들을 아주 미워합니다. 나도 어쩔 수가 없습니다. 이 커다란 연잎도 비가 내리면 빗방울을 감당할 수 있는 무게만 담고 있다가 그 이상 넘으면 미련 없이 비워버리듯이, 나에겐 연과 수련이 아름답게 펼쳐내는 고운 꽃 꿈은 아무래도 과한 욕심이었나 봅니다.

열린 정원,
이웃과의 만남

⋮

　꽃은 우리들의 마음에 사랑을 담아 주는 아름다운 매개체입니다. 꽃을 보면 예쁘다고 감탄하며 살며시 다가가 사랑스런 손길로 살포시 만져 보고, 축복처럼 다가온 사랑스러움에 행복이 스며듭니다.

　나는 아름다운 꽃을 마음껏 키우고 싶어 과감하게 답답한 담장을 허물고 나지막하게 돌담을 쌓아 정원의 시야를 넓혔습니다. 그렇게 하고 보니 지나가는 사람들은 물론 나비·꿀벌·새들도 편히 왔다가 한참 쉬어가는 열린 정원이 되었습니다. 언제부터인가 계절마다 고운 꽃 피워 내면, 정원이 예쁘다며 발걸음 멈춘 낯선 사람들과도 이런저런 얘기를 나누면서 꽃을 좋아하는 이들과 함께하는 정원이 되었습니다. 하루는 거의 매일 아침마다 오셔서 우리 정원을 즐기시는 동네 할머니가 화가 잔뜩 나서 야단이 났습니다. 어떤 나쁜 사람이 곱게 핀 꽃 한 송이를 꺾어 갔다고 나에게 일러 줍니다. 언제 어떻게 핀 꽃인지 나도 몰라 한참 이야기를 듣고 보니 그제야 생각이 났습니다. 며칠 전 앵초 밭에 깡충 작은 디딤돌을 밟으며 조심스럽게 들어갔다가, 겨우 한 송이 꽃을 피우려고 태어난 튤립 꽃봉오리를 나도 모르게 꺾고 말았습니다. 저지른 후에야 하도 애통하여 작은 꽃병에 꽂아두었지만 피지도 못하고 사라진 그 튤립 이야기였습니다.

할머니의 애통해 하시는 그 모습이 우습기도 하고 참 고맙기도 하였습니다. 어찌 나보다 더 속상해 하시는 그 모습이 감사하지요. 어느새 우리집 정원이 동네에 꽃을 좋아하시는 분들과 함께하는 꽃놀이 정원이 되었습니다.

아쉬운 인연

지금 정원이 조성되고 얼마 되지 않아 양지바른 돌담장 바위 돌 위에 걸터앉아 꽃을 바라보며 쉬고 계시는 할머니를 보았습니다. 참으로 편안하고 아늑해 보였습니다. 몇 시간 뒤에도 똑같이 그 바위에 같은 모습으로 앉아 쉬고 계셨습니다. 며칠 후에도 또 그 자리에 꼭 같은 모습으로 계셨습니다. 거의 같은 날 같은 시간 같은 모습으로 담장에 걸터앉아 편히 쉬고 계시는 그 모습이 꼭 제가 할머니를 위해 마련한 자리처럼 흐뭇하고 좋았습니다.

할머니가 담장에 앉아 계신 날을 가늠해보니 아마도 할머니가 오시는 그 날은 매주 일요일 같았습니다. 근처 교회로 오가는 길에 어김없이 두 차례 바위 돌에 앉아 쉬고 계신 듯 했습니다. 매주 매달 해가 바뀌어도 어김없이 할머니의 모습은 몇 년 동안 계속되었습니다. 그러던 어느 날 할머니가 보이지 않았습니다. 어디 편찮으신가 걱정하며 몇 주 동안 할머니를 기다렸지만 오시지 않았습니다. 내심 덜컥 겁이 나고 몹시 궁금하였지만 아쉽게도 할머니에 대해 아는 것이 아무것도 없었습니다. 돌담에 앉아 쉬시는 그 모습이 하도 편안해 보여 편안한 마음 해치고 부담을 드릴까 하여 보고도 못 본 척 시선을 거두었던 지난날이 참 아쉬웠습니다. 그래도 행여나 다시 오실까 주말마다 기다렸지만 그 후로 영원히 할머니를 뵙지는 못했습니다.

꽃바구니 속에 담긴 미소

담장을 허물고 정원을 다시 조성하고 난 후 어느 날 낯선 아주 머니가 꽃바구니를 들고 나를 찾아왔습니다. 수수한 아주머니는 쑥스러운 듯 예쁜 꽃바구니를 제게 내밀며 말씀하였습니다. 고운 꽃들을 마음껏 즐기게 해줘서 감사하다며 나를 위해 처음 꽃바구니를 만들어 보았다고 말씀하셨습니다. 나는 그분의 따뜻한 정성이 너무나 감사하고 황송하였습니다. 게다가 그 소중한 꽃바구니 속에는 "예쁜 정원을 개방해 주셔서 감사합니다"라는 정이 담뿍 묻어나는 카드까지 들어 있었습니다. 귀한 꽃바구니와 카드를 받은 그 감동은 생전 처음 느껴보는 기쁨, 보람 등 모든 소중한 마음이 버무려진 행복이었습니다. 그 분의 어질고 순한 미소와 따뜻한 마음을 받은 소중한 선물보따리는 설렘과 기쁨으로 희망이 되어 지금도 여전히 남아 틈틈이 고운 꽃이 되어 감사의 향기로 가슴 깊이 따뜻하게 스며듭니다.

묵주 이야기

허물어진 벽면 위에 벽화를 그렸습니다. 그림을 그린 후 어느 날 우연히 그림 위에 걸린 묵주를 보았습니다. 묵주를 보는 순간 너무 놀랍고 가슴 벅차 숨을 멈추고 바라만 보았습니다. 세상에! 날개 달고 하늘을 날아오르듯이 감동적인 이 소중한 모습은 나의 정원에 기적 같은 사랑의 선물이었습니다. 묵주가 얼마나 소중한 의미인지 저는 잘 압니다. 이 귀중한 묵주를 두고 가신 분의 가슴 따뜻한 그 소중한 마음에 감동하고 마음 깊이 감사 인사를 드렸습니다.

이 그림이 태어나기까지는 참으로 오래 속상한 일이 있었습니다. 우리집 담장을 공유하는 옆집에서 집수리를 하면서 멀쩡했던 돌담장이 이상한 모습으로 변형되자 잘 정비해 주겠다며 돌담장의 앞부분을 허물었습니다. 공사는 계속되었지만 담장은 고쳐 줄 생각은 하지 않고 이 핑계 저 핑계로 하루이틀 지나고 끝내 허물어진 벽을 남겨두고 수리가 끝나버렸습니다. 옆집 주인에게 말해보아도 어찌된 일인지 모르겠다며 속수무책, 어찌할 수 없는 이 허물어진 벽을 끌어안고 이런저런 궁리를 하였지만 방법을 찾지 못하고 허물어진 상태로 3년이 흘렀습니다. 오랜 고심 끝에 드디어 얻은 결론은 허물어진 벽면에 벽화를 그리는 것이었습니다. 하지만 하얀 도화지만 보면 난감해지는 나는 그림을 못 그리고, 또

그냥 시간이 흘렀습니다.

그러다 우연히 벽에 그림을 그리고 있는 학생을 만났습니다. 드디어 3년 동안의 찜찜한 과제가 끝났습니다. 돌이 떨어진 벽면 한 면에 굴곡진 삶을 한평생 묵묵히 살아오신 우리네 아버지 모습을 그리고 싶었습니다. 수수하고 투박한 그 그림으로 허물어진 벽면이 재탄생되고, 고요히 나의 정원을 지켜주는 것 같았습니다.

그림을 그린 며칠 후 이른 아침에 무심코 밖으로 나가다 깜짝 놀랐습니다. 담장 벽면 그림 위에 묵주가 걸려 있는 것을 보았습니다. 간절한 마음이 담긴 묵주를 바라보며, 그 소중한 묵주를 올려주신 그 따뜻함이 희망의 꽃이 되어, 묵주를 보며 오래도록 행복했습니다.

이 돌담은 정원에 토속적인 아름다움을 주는 장식적인 부분이기도 합니다. 바로 이곳에 묵주를 걸어 주신 분의 그 고마운 마음이 너무 소중해 그 자리에 그대로 두었습니다. 그 묵주는 정원의 한 식구가 되어 몇 년간 같은 곳에서 자리를 잡았습니다. 그리고 수년이 지난 어느 날 묵주가 사라졌습니다. 묵주는 영원히 가 버렸지만 내 가슴속엔 세상에서 가장 아름다운 묵주를 걸어 두신 아름다운 마음과 감동이 여전히 남아 있습니다.

따뜻한 마음을 전해준 사람들

정원에서 일을 할 때면 예쁜 정원을 힘들게 가꿔서 같이 즐길 수 있게 해줘서 너무 고맙다며 음료수랑 과자를 사다 주면서 쉬면서 일하라고 따뜻한 마음을 전해 주고 가시는 분들이 있습니다. 어떤 분들은 여기저기 무엇을 심으라고 훈수를 대기도 하고요. 또 정원에 없는 꽃을 살며시 두고 가시는 고마운 분들도 있습니다.

봄이 무르익는 오월 초순 친정에 며칠 다녀오니 참 신기하고 고마운 일이 있었다고 남편이 이야기를 시작했습니다. 저녁 무렵 벨소리에 문을 열어 보니 30대 중반의 젊은 새댁이 수선화를 들고 나를 찾아왔다고 합니다. 우리집 정원을 지나가면서 예쁜 정원을 함께 즐길 수 있게 해주셔서 너무 고마워 꽃을 선물하고 싶어 왔다고 했답니다. 남편은 소중한 꽃이 시들어 버릴까 겁이 나서, 나 대신 꽃을 심을 수 없어 몇 번인가 거절을 했답니다. 그러나 안전하게 잘 담아 왔다고 걱정 말라며 우리집 정원에 심어 달라고 부탁하고 꽃을 두고 돌아갔다고 했습니다. 나 없는 사이 혹여 상할까 뜰에 두고 물을 주고 있었다고 하였습니다. 너무 고마워 얼른 밖으로 나가보니 비닐로 잘 감아 파란 그물망에 싸여 오동통한 기다란 꽃줄기 끝에 파르스름한 노란 꽃망울을 탐스럽게 내밀고 있는 아이리스였습니다. 노란 꽃이면 모두 수선화인 줄 알았던 남편, 그러나 그 꽃은 내가 아주 좋아하는 아이리스(붓꽃)였습니다.

아주 건강한 모습으로 돌담장 아래에서 나를 빤히 쳐다보며 기다리고 있는 것 같았습니다. 얼른 비닐을 풀어 반갑다 인사하고서 살 곳을 찾아보았습니다.

꽃들이 화려하게 피어나는 푸른 오월의 뜰에 꽃망울을 내밀고 있는 붓꽃을 심기는 안전하지 않았습니다. 하지만 뿌리가 얼마나 실한지 하루이틀이 지났지만 건강한 모습이라 안심이 되었습니다. 고마운 마음이 담긴 이 소중한 인연을 잘 키우기 위해 이 붓꽃이 좋아하는 환경과 꽃을 가져온 새댁이 함께 즐길 수 있도록 앞뜰 돌담장 앞에 심었습니다. 심은 지 삼일 만에 큰 노란 꽃망울이 활짝 꽃을 피웠습니다. 비록 뿌리가 많이 잘려나갔지만 영양분을 충분히 담고 있는 아주 튼튼하고 통통한 뿌리줄기(괴경)가 있었기에 땅속 깊이 뿌리가 안착을 하지 않아도 금방 건강하고 탐스런 꽃을 피울 수가 있었습니다.

기특하게도 탐스런 꽃이 차례차례 우아하게 여러 송이 피었습니다. 얼마나 예쁘고 신통한지! 하지만 대부분의 붓꽃은 성장력도 왕성할 뿐만 아니라 번식력도 강해 그 곳에서는 아름다움을 마음껏 발휘하면서 자손을 번식시켜고 오랫동안 살기엔 좁았습니다. 또 바로 그 곁에 오래전부터 터줏대감처럼 살고 있는 극성스런 나리와 마삭줄이 있어 그해 늦가을 물정원으로 옮겨 주었습니다.

마을을 아름답게 가꾸면서 주차난도 해결한다는 그린 파킹(Green Parking) 운동으로 하루하루 식물들이 사는 작은 정원들이 사

기특하게도 탐스런 꽃이 차례차례 우아하게 여러 송이 피었습니다.
얼마나 예쁘고 신통한지!

라져가고 자동차를 위한 삭막한 시멘트 공간만 늘어나 더 삭막해져 가는 우리 동네. 그렇지만 나는 아름다운 정원을 가꾸고 싶은 열정으로 꿋꿋이 꽃과 나무를 키우고 있습니다. 그러다 보니 정원이 예쁘다며 오며가며 낯선 이들과 웃음으로 꽃 이야기 나누며 함께 나눌 수 있는 즐거움과 보람으로 가슴이 뿌듯합니다. 모자람이 많은 나의 정원에서도 자연을 느끼고 우리의 삶을 배우며 조금씩 알아가고 있는 나에게 따뜻하고 고마운 마음을 전해 주는 희망과 용기를 주는 얼굴도 이름도 모르는 고운 분들께 마음 깊이 감사함을 전합니다.

고맙고도 난처한

2014년 6월 4일 아침, 참 난처한 일이 일어났습니다. 고맙다고 해야겠지만 나에겐 너무나 당혹스럽고 난처한 일이 앞뜰에서 일어났습니다. 대문 앞 소나무 아래 샛노란 꽃을 한아름 피워내고 이미 땅속 깊이 돌아가 휴식을 취하며 잠을 자고 있는 복수초 마을과 앞뜰 동산 앞에 난리가 났습니다. 누구인지 확실히 알 수는 없지만, 아마도 지난 가을 감을 드시고 싶다 하시기에 나도 아까워 따지 못하는 감을 몇 개 따 드렸던 동네 할머니 같았습니다. 감을 잡수시면서 이 귀한 땅에 상추나 호박처럼 먹을 수 있는 야채를 심으라며 훈수를 두셨던 할머니 같았습니다. 아마도 할머니께서 이듬해 봄날 몰래 땅을 파고 흙더미를 가득 올려 어린 호박싹을 여기저기 심어 두고 가셨나 봅니다. 이른 아침 밖으로 나와 보니 기가 막혔습니다. 정원에는 생뚱스럽게도 두툼한 흙더미가 여기저기 솟아 있고 어수선하게 파헤쳐져 있었습니다.

가만히 들여다보니 어린 싹들이 요기조기 흙더미에 올라앉아 있었습니다. 이 일을 어쩌나, 앞뜰에서 호박이 둥실둥실 살아간다고 생각하니 너무나 생뚱스럽고 황당한 풍경이 펼쳐집니다. 커다란 잎들로 뒤덮인 호박 덩굴 아래서 몇 해 동안 자리 잡은 꽃들이 모두 숨이 막혀 죽고 정원은 폐허가 될 것 같았습니다. 그러나 이 일을 어쩌나요, 요 귀여운 아이들 불쌍해서 아무리 생각해 봐도 묘안이 떠오르지 않았습니다. 그 분이 좋은 일 해 주신다고 나도 모르게 정성껏 심어 놓았지만, 이 일이 나에겐 진퇴양난이었습니다. 하루이틀 가만히 두고 들여다보면서 요 귀여운 녀석들 살릴 방법을 아무리 생각해 봐도 생각나지 않았습니다. 이 녀석들이 이곳에 진을 치기 시작하면 앞뜰은 호박 덩굴이 넘실거리는 호박밭이 될 것 같아 애처롭지만 물을 줄 수가 없었습니다. 불쌍하게 시들어져 가는 그 모습이 안쓰럽고 미안하고 정성껏 심어 주신 분께는 죄송해 하나만이라도 남겨둘까 이리저리 궁리해 보았지만, 도저히 감당을 할 수 없어 죄송하지만 독한 마음으로 모두 데리고 나왔습니다. 그래도 한동안 흙무더기에 건강하고 귀여운 호박들이 쑥쑥 태어났습니다. 귀엽지만 참 괴로웠습니다. 또 다시 하루이틀 바라보다가 모진 마음으로 모두 파냈습니다. 우리 정원에는 넉넉한 거름과 넓은 공간이 필요한 식물들이 살 곳을 찾을 수가 없었습니다. 화원으로 데려가도 그리 환영을 받지 못하고 필요하신 분을 찾기도 참 어려웠습니다.

청개구리와 사촌언니

비 오는 날 갑자기 개구리 울음소리가 듣고 싶어졌습니다. 그 순간 내 어린 시절 봤던 아주 귀여운 아기 청개구리가 떠올랐습니다. 그 귀엽던 청개구리를 데려와 키우고 싶다는 마음이 간절해졌습니다. 비록 온실 안의 작은 연못이지만 청개구리가 살면서 비가 오면 바로 내 곁에서 청개구리 울음소리를 들을 수 있다 생각하니, 내 마음은 이미 어릴 때 보았던 풀숲에서 청개구리가 살던 곳으로 달려갔습니다. 하지만 그 곳은 이미 공업도시로 성장하고 거대한 아파트 단지가 생기면서 사라졌습니다.

여기저기 수소문을 하던 중 저 멀리 울산 호계라는 시골 마을에 사는 사촌언니가 어린 청개구리 한 마리를 구해 주었습니다. 얼마나 귀엽고 예쁘던지 소중히 조심조심 데려와 연못가에 놓아두었습니다. 그러나 황망하게도 개굴개굴 개구리 소리 한 번 듣지 못하고 어디론가 사라져버렸습니다. 물이 있으면 당연히 살아갈 수 있으리라 생각했지만 아무리 찾아도 보이지 않았습니다. 그 미안함과 아쉬움이 너무 커 언니에게 미안한 마음 전했더니, 사촌언니는 시동생한테 부탁해 또 다시 두 마리를 구해주었는데, 한 녀석은 이미 오는 도중에 사라졌다고 합니다. 바로 이 귀여운 개구리가 다시 데려온 아이랍니다.

청개구리를 구해준 언니의 정성스러운 마음은 말로 다할 수가

바로 요 귀여운 개구리가 다시 데려온 청개구리랍니다.

없었습니다. 그때 우리 언니 나이 75세, 하지만 그 마음만은 17세 소녀의 마음이었습니다. 바쁜 시골 생활 속에서 사촌동생이 조그만 청개구리를 좋아한다고 해서 페트병을 잘라 귀여운 녀석이 숨을 쉴 수 있도록 양파망을 덮고 그 속에 풀잎과 물, 밥을 넣어 아주 정겨운 모습으로 울산까지 데려온 그 모습은 정성스러움이 가득했습니다. 언니의 고마운 마음과 정성을 소중히 간직하면서 조심히 데려와 온실 실개울에 다시 놓아두었습니다. 그러나 또 다시 어디로 사라져 보이지 않아 애를 태웠습니다.

어느 날 거실 앞 작은 뜰에 있는 작은 화분에서 개구리를 발견하였습니다. 다시 온실 연못에 데려왔지만 다시 사라져 버리고, 그 이후론 영원히 나타나지 않았습니다. 얼마나 후회를 하였는지요. 어설픈 상식과 낭만적인 헛된 욕심이 애꿎은 어린 생명만 불쌍하게 잃어버렸습니다. 그 대신 멀리서 온 내 아름다운 추억이 담긴 작은 아이들이 정답게 살아가며 예쁜 이야기를 만들어 가고 있습니다.

금붕어와 고양이

온실에는 금붕어랑 우렁이가 살고 있는 조그만 연못이 있습니다. 나는 틈틈이 연못 속을 들여다보는 것을 참 좋아합니다. 이 작은 연못 속에는 또 하나의 세상이 있습니다. 우리들이 사는 세상처럼 참 많은 일들이 일어나고 있습니다.

금붕어를 잡아먹기 위해 호시탐탐 노리고 있는 밤고양이부터 작은 돌에서 피어나는 귀여운 이끼까지, 많은 식구들이 서로 긴밀히 연관되어 살아가고 있습니다. 창틈으로 들어오는 햇살과 바람, 작은 분수에서 떨어져 나오는 물방울이 금붕어, 우렁이를 키우고, 이끼를 탄생시키고, 이 예쁜 세상을 만들어 갑니다. 이 작은 세상에도 세월은 흘러 내 귀여운 금붕어가 없어지고 사랑스러운 이끼가 사라져가고, 그 모습이 그리워 아무리 애를 써 봐도 다시 오지 않습니다. 그러나 그 시간이 가고, 해가 가고, 그 계절 그 날의 햇살과 바람이 또 다른 세상을 만들어 갑니다.

요 귀여운 녀석들 좀 보세요, 얼마나 신나고 즐겁게 살고 있는지, 바로 이곳에 신통한 또 한 녀석이 가족을 이루며 오랫동안 살고 있습니다. 아주 오래전 재첩국을 끓이려고 재첩을 사 와서 보니 재첩 틈에 생뚱맞은 우렁이 한 녀석이 있었습니다. 귀엽고 예뻐서 행여나 하는 마음에 장난스럽게 연못 속에 던져 주었습니다. 우와! 너무나 신통하게도 한 녀석이 꾸준히 자식을 탄생시키고 가족을

온실에는 금붕어랑 우렁이가 살고 있는 조그만 연못이 있습니다.
나는 틈틈이 연못 속을 들여다보는 것을 참 좋아합니다.

이루며 조용히 10여 년을 훌쩍 넘기고서 지금까지 살고 있습니다.

또 언제부턴가 바로 이곳에 심술궂은 고양이 녀석이 금붕어를 잡아먹기 위해 온실로 들락거리기 시작했습니다. 이 대담한 녀석은 금붕어를 잡아먹으려고 틈틈이 들어와 앞발을 손처럼 죽 내밀고 물속으로 금붕어를 잡으려고 정신없이 몰두하고 있습니다. 하도 기가 막혀서 쳐다보니 저 녀석도 겁없이 나를 빤히 쳐다보면서 한참 눈싸움하다가 어슬렁어슬렁 아무 일 없다는 듯이 온실 밖으로 나가 버립니다. 게다가 어떤 날은 동무까지 데리고 두 마리가 함께 들어옵니다.

한 녀석은 연못가에서 또 한 녀석은 어슬렁거리며 나를 봅니다. 이젠 아예 간이 커져서 가까이 다가가 문을 열 때까지도 꼼짝하지 않고 버티다 문을 열면 그때야 어슬렁거리며 온실 밖으로 나가 약을 올리며 빤히 서 있습니다. 더 이상 참을 수 없어 얼른 밖으로 달려 나가 동네 밖까지 몽둥이를 들고 쫓아가니 암팡스럽게도 살금살금 뒤돌아보며 달아갑니다. 이 녀석 오지 못하게 창문을 닫으면 신선한 바람이 들어오지 못하고, 꽃을 찾아 날아드는 나비랑 벌과 새들도 오지 못하니, 문을 닫아야 할지 열어야 할지 참 어렵습니다.

그래도 금붕어들은 내 마음을 아는지 모르는지 참 정겹게 살고 있습니다. 한겨울 살얼음 속에서도 두 녀석이 서로 몸을 기대고 의지하면서 여러 해의 겨울을 함께 보내고 있습니다. 수년 동안 이 작은 연못에 살면서 수없이 몰래 들어온 도둑고양이 피해 위험한 위기를 넘기며 살고 있습니다. 꼬리가 우아한 터줏대감과 배불뚝이랍니다. 그러나 불행하게도 이 녀석들에게 안타까운 일이 일어났습니다. 2017년 봄 연못 아래 돌 틈 어딘가에서 겨울잠 자고 3월 중순경 나타나 이리저리 헤엄치며 다니던 두 녀석이 오랫동안 보이지 않았습니다. 고양이가 왔다 가면 자주 있는 일이라 예사롭게 기다렸습니다. 그러나 이상하게도 일주일이 지나고 열흘이 훌쩍 지나도 나타나지 않아 서서히 걱정이 시작되었습니다.

틈틈이 연못 속을 내려다보며 기다렸지만 오랫동안 소식이 없더니 배불뚝이 짝꿍 한 마리가 나타났습니다. 나머지 한 녀석은 며칠이 지나도 나타나지 않아 점점 불안한 마음이 되어 포기할 무렵이었습니다. 이른 아침 "금붕어가 죽어 있다"며 남편이 나를 부릅니다. 깜짝 놀라 연못으로 달려가 보니 불쌍하게도 등에 큰 상처가 나고 온몸이 상해서 참혹한 모습으로 물위로 둥둥 떠올라 중심을 잃고 벌렁 뒤집혀서 조금씩 움직이려고 애를 쓰며 죽어가고 있었습니다. 너무나 불쌍하고 안타까워 뭐라도 해 주고 싶은 마음에 희망은 없지만 마지막으로 연못에서 데리고 나와 큰 그릇에 증류수와 산성수를 넣고 옮겨 주었습니다. 오래전에 피부병으로 고생할 때 산성수로 씻고 나아진 기억이 갑자기 떠올라 행여나 하는 마음으로 시도해 보았습니다. 다음날 아침 남편이 금붕어가 죽었다고 합니다. 안타깝고 불쌍해 온실 동산에 묻어주려고 나가 보니, 아이게 웬일입니까? 거의 움직이지 못했던 녀석이 제법 움직이며 참

혹한 상처도 조금 나은 듯 보였습니다. 남편은 움직이지 않아 죽은 줄 알았다지만, 제가 보기엔 하룻밤 사이에 기적처럼 살아난 것 같았습니다. 그 다음날은 거짓말처럼 상처가 완연하게 회복되어 균형을 잡고 헤엄을 쳤습니다. 신기하게도 하루이틀 사이에 심한 상처가 참 빠르게 회복되어 먹이도 먹기 시작했습니다. 기특하고 하도 좋아 온종일 틈틈이 내려다보며 다시 살아난 기념사진도 찍어 주면서 기쁨을 함께했습니다. 이 녀석이 이 지경이 된 이유를 생각해 보니 우리가 없는 사이에 고양이에게 잡혀 겨우 빠져 나오다 등에 큰 상처를 입고 연못 어딘가 은신처에 오랫동안 피신해 있었나 봅니다. 불행하게도 그리 깨끗하지 않는 연못물에 상처가 곪아 버티지 못하고 물에 떠올랐던 것 같았습니다. 상처가 온전히 나을 때까지 연못으로 돌려보내지 못하고 연못에서 짝을 기다리며 홀로 있는 녀석을 데리고 나와 어항에 함께 두니 너무 반가워 좋다며 서로 몸을 비비며 며칠 동안 잘 지냈습니다.

그동안 연못 청소를 열심히 하였습니다. 맑은 물에 소독도 할 겸 산성수도 넣어주고요. 그렇게 이 녀석들을 다시 연못으로 돌려보낼 준비를 단단히 하였습니다. 며칠 동안 살펴보며 행여나 고양이에게 잡혀 갈까 밤엔 꼭 안방으로 데려다 놓고 나 없는 사이에도 꼭 방에 데려다 두고 나갔습니다.

하루는 방에 데려다 두는 것을 깜빡 잊고 이층에서 밤늦게 내려 왔습니다. 얼른 생각나 온실 창을 여니 이상한 기척이 났습니

연못물이 참 투명하고 맑습니다. 상처 난 금붕어를 위해 열심히 청소를 했지만 혼자 남은 한 녀석은 혼비백산해 아예 나타나지 않고 어딘가 숨어서 함께 놀던 짝꿍을 많이 그리워하고 있는지 한 달이 지나도 나타나지 않습니다.

다. 그 순간 불길한 느낌이 엄습해 왔습니다. 얼른 이 녀석들을 내려다보니 아뿔싸!! 겨우 살아난 큰 녀석이 보이지 않았습니다. 행여나 통 밖으로 튀어 나왔나 불을 밝히고 주변을 아무리 살펴봐도 보이지 않았습니다. 통 주변으로는 물이 넘쳐 흘러져 있었습니다. 에고, 바로 그 이상했던 기척이 고양이였나 봅니다. 참 신통하게도 수년 동안 고양이를 잘 피한 영특한 아이였는데, 애석하게도 이렇게 가버렸습니다. 인연은 이렇게 허망하게 끝나버리고 불쌍하게 홀로 남은 녀석만 허전한 연못으로 돌려보낸 며칠 후였습니다. 연못 주변으로 보이지 않던 개미들이 줄지어 바쁘게 움직이고 있었습니다. 예사롭지 않아 개미줄을 따라가 보니 참혹한 모습이 기다리고 있었습니다. 바로 연못 주변 철쭉나무 아래 죽은 금붕어가 있었습니다. 그 날 저녁 창문을 여는 순간 고양이가 놀라 이 녀석을 물고 나가다 그만 떨어뜨리고 갔나 봅니다. 그때 이상한 느낌에 불을 켜고 아무리 찾아도 보이지 않았습니다. 바로 곁 철쭉나무 아래서 도움의 손길 기다리며 죽어가고 있었겠지만, 전혀 알지 못했습니다. 바로 그 찰나 죽음과 삶이 있었건만 허망하고 애타게 끝나버렸습니다. 불쌍한 금붕어는 온실 동백나무 아래 묻었습니다.

연못물이 참 투명하고 맑습니다. 상처 난 금붕어를 위해 열심히 청소를 했지만 혼자 남은 한 녀석은 혼비백산해 아예 나타나지 않고 어딘가 숨어서 함께 놀던 짝꿍을 많이 그리워하고 있는지 한 달이 지나도 나타나지 않습니다. 사람들처럼 괴롭다며 소리치며

우렁이는 그 고통을 아는지 모르는지 오랜만에 맑아진 물속에서
여유롭게 즐기고, 어항에서 나온 구피들은 넓은 세상 나왔다고
신나게 헤엄치고 놀고 있습니다.

울지도 못하고 어딘가에서 가슴 조리며 눈물을 흘리고 있을 것만 같습니다. 우렁이는 그 고통을 아는지 모르는지 오랜만에 맑아진 물속에서 여유롭게 즐기고, 어항에서 나온 구피들은 넓은 세상 나왔다고 신나게 헤엄치고 놀고 있습니다.

꽃과 나무가 들려주는 이야기

:

　전혀 변할 수 없을 것 같아 보이는 꽃과 나무들은 해마다 변해 가는 환경에 적응하며, 자신을 스스로 변화시켜 살아가는 우주의 한 생명체랍니다. 같은 종류라도 토양과 기후에 따라 살아가는 모습이 다르기에, 하나하나 습성과 모습을 단정하기는 어렵습니다.

　수많은 아이들을 보듬고 예쁘다며 함께 살다 보면, 언제부턴가 내 정원 환경에 적응하여 자신이 한 생명의 주체가 되어 스스로 알맞은 환경과 장소를 선택해 마법처럼 나타나 기쁨과 행복을 주는 아이가 있는가 하면, 너무 사랑스러워 아무리 곱게 키우려고 애를 써도 나와 합이 맞지 않아 애통하게 가버린 경우도 많습니다. 그 이유를 찾으려고 노력해 보지만, 어찌 자연의 오묘한 뜻을 알 수 있을까요? 그래도 자꾸만 그립고 아쉬워 계속 생각해 봅니다. 내가 또 무슨 잘못을 했는지, 무엇을 몰랐는지를.

노목의 매화나무

앞뜰 중앙에 터줏대감처럼 고목의 감나무 한 그루가 있듯이 용기정원에도 고목의 매화나무 한 그루가 살고 있습니다. 흙이 없는 곳이라 땅에서 살지 못하고 정사각형의 커다란 검은 화분이 보금자리가 되었습니다. 거기서 10여 년을 훌쩍 넘기고 의젓하고 당당한 모습으로 자신의 책임과 의무를 다한 숭고한 멋과 운치로 사계절 아름다움을 선물하는 매화나무입니다. 다양한 화분들로 자칫 어수선해질 수 있는 그 속에서 안정된 모습으로 중앙에 턱 하니 앉아 주변 아이들을 품어주고 멋진 배경이 되어 주면서, 용기정원을 지켜주는 당산나무로 살고 있습니다.

한겨울 홀로 빈 몸으로 찬 겨울 하늘 아래 당당히 마주하고 있는 우리집 매화나무의 모습은 오랜 세월 견디며 살아온 노목의 의연한 자태로, 성숙한 삶의 경지를 보여 주듯 고귀하고 숭고합니다. 유난히 추웠던 그 겨울을 보낸 매화나무가 더욱 성숙하고 우아해진 멋진 모습이 너무 좋아 나 홀로 탄성을 자아내며 하루에도 수없이 매화 곁에 서서 찬미합니다. 긴 세월 힘들었던 그 시간 잘 견디고 멋지게 잘 살아줘서 고맙다고 또 고맙다며 조심조심 나랑 함께 한세상 잘 살길 소망합니다.

봄이 움트는 이른 봄날, 매화가 잘 있나 보러 갔다가 매화의 숨결에 완전히 사로잡혔습니다. 고목 둥치에서 위대한 삶을 본 듯,

한겨울 홀로 빈 몸으로 찬 겨울 하늘 아래 당당히 마주하고 있는 우리집
매화나무의 모습은 오랜 세월 견디며 살아온 노목의 의연한 자태로,
성숙한 삶의 경지를 보여 주듯 고귀하고 숭고합니다.

고고한 자태로 턱 하니 펼쳐진 굴곡의 거친 줄기에 가지마다 고운 향기 가득 품은 매화의 꿈을 한아름 달고 서 있는 모습이야말로 매화가 지닌 최고의 아름다움입니다. 싸늘한 봄바람에 어디선가 들려오는 맑은 새소리, 고개를 들어 둘러보지만 보이지 않은 새소리가 고목의 운치와 멋을 더해줍니다. 드디어 매화의 세상이 열리는 듯 다소곳이 고개 숙이고 한 송이 두 송이 연분홍빛 꽃잎을 살포시 열고 꽃을 피웁니다. 세상사 모든 욕심 훌훌 버리고 맑은 영혼으로 피어나는 청초한 매화꽃과 고개 숙여 마주하니, 살며시 스며드는 매화 향기에 한없이 행복합니다. 또 하루가 지나고 매화꽃이 한창 피었습니다. 포근한 달무리가 아련하게 하늘하늘 날아오를 듯 한아름 피었습니다. 해 저녁 맑은 하늘 아래 매화꽃 향기 속에서 오랜만에 남편과 한참 놀았습니다.

바로 남편 서재 앞에서 해마다 이맘때쯤 고운 향기로 고운 꽃 피고 지고 함께 살아온 세월이 수년이 지났건만, 남편은 이제야 나에게 물어봅니다. 이 꽃이 옛날 선비들이 즐겨 키웠다는 그 매화냐고. 매화가 이렇게 아름답고 향기가 좋은 줄 처음으로 알았다고 좋아합니다. 참으로 답답하고 무딘 사람이지만 오랜만에 천진난만한 웃음으로 좋아하는 모습이 이 거친 매화 가지에서 피어난 매화꽃 한 송이 같았습니다. 고집불통인 남편이 마누라 덕분에 매화 운치를 느낄 수 있다며 고맙다는 인사말과 함께 향기롭고 고운 매화꽃 앞에서 어린아이같이 행복해 합니다.

봄이 움트는 이른 봄날, 매화가 잘 있나 보러 갔다가
매화의 숨결에 완전히 사로잡혔습니다.

3월이 다 가도록 봄바람에 매화 향기 담아 꽃을 피우던 우리집 매화나무의 고운 꽃잎이 하나둘 모두 다 바람에 꽃구름 되어 날아가고, 또 하나의 숭고한 꽃처럼 자줏빛 꽃받침 품에 초록빛 어린 매실을 가득 품은 모습도 사랑스럽습니다. 하루, 이틀, 사흘 매실에 보내던 사랑스런 눈길은 점점 뜸해져가고 초목이 우거지는 5월 우연히 스쳐가는 눈길에 무성한 잎새들 가득한 모습을 보고서는 깜짝 놀랐습니다. 수많은 가지와 수없이 펼쳐내는 잎새들로 고목의 우아한 자태는 모두 사라졌습니다. 귀여운 아기 매실도 보이지 않았습니다. 잎은 쪼글쪼글 돌돌 말고서 진딧물 세상이 되어 감당을 못하고 귀신처럼 머리를 풀고 서 있는 모습으로 변해 버렸습니다. 에고! 너무 놀라 그 무성한 잎과 가지부터 정리하고 목욕도 시키고 그동안 무심했던 내 마음 사죄하는 마음으로 거름도 넣어 주었습니다. 내 손길, 내 마음 바쁘게 새로 단장해 주었더니 토실토실해지는 매실이 참 탐스럽게 나타났습니다. 멋스러운 수형도 다시 나타나기 시작하고요.

나무도 스스로 감당하지 못하고 넘쳐나는 푸름을 적절하게 잘라내고 제대로 돌보지 못하면 이렇게 망가져 가는데, 우리도 분수에 맞지 않는 허망한 많은 욕심을 하나둘 버리지 못하고 모두 끌어안고 살아간다면 이 나무처럼 될 수 있겠지요. 과연 나의 삶은 어떤 모습으로 변해가고 있는지 두렵기도 하고 조심스럽습니다. 초여름 날 스며드는 초록 햇살 가득 받고서 매실이 참 고운 색으로 예쁘게 익었습니다. 너무 탐스러워 감히 따지 못하고 그냥 두었습니다.

하루는 물을 주러 올라갔더니 열매가 모두 떨어져 화분 주변에서 뒹굴고 있었습니다. 열매도 때가 되니 스스로 부모 품을 떠나는 모습이 너무 짠하고 아까워 나무 가지에 콕콕 찔려가며 머리 숙이고 손을 뻗쳐가며 주웠습니다. 하도 예쁘고 탐스러워 한참 동안 독 위에 올려 두었던 매실을 남편이 외손녀에게 선물로 준다며 모두 가지고와 식탁 위에 올려두고 보니 세상의 아름다움을 다 지닌 듯 예쁘고 신비롭습니다. 한겨울 찬바람에 무성했던 잎 훌훌 다 날려 보내고 한 잎 두 잎 달고 서 있는 매화의 나목에 가슴이 뭉클합니다.

그 모습을 한참 보다 보니, 한평생 묵묵하게 농사를 지어오신 농부의 우직한 삶이 보입니다. 겨울 추위 피해 플루메리아와 연, 수련들을 떠나보낸 그 어수선함 속에서도 겨울 뜰을 지키는 모습이 믿음직스럽습니다. 오랜 시간 무던히 고생했던 매화지만, 그 고생의 흔적도 영글고 성숙해 의연함과 고아한 기품으로 승화되어 노목의 운치를 전해 줍니다. 우리집 매화가 의젓한 모습으로 살아오기까지 참 힘든 세월을 오래오래 무던히 견딘 고진감래(苦盡甘來)의 시간이었습니다.

공간이 한정된 도시 주택이라 이 매화는 제 마음대로 살고 싶은 곳에 살 수가 없습니다. 오직 내가 데려다 놓은 곳에서만 묵묵히 적응해 살고 있습니다. 이 매화와의 인연은 꽤 오래되었습니다.

내 손길, 내 마음 바쁘게 새로 단장해 주었더니
토실토실해지는 매실이 참 탐스럽게 나타났습니다.

초여름 날 스며드는 초록 햇살 가득 받고서
매실이 참 고운 색으로 예쁘게 익었습니다.

세 아이를 모두 키워 막내까지 대학에 보낸 후, 오래 살았던 집을 과감하게 수리하면서 그동안 키우고 싶었던 꽃을 원도 한도 없이 키우고 싶어 정원을 다시 만들었습니다. 가능한 작은 공간이라도 최대한 활용해 꽃과 나무를 알맞은 환경에서 키울 수 있도록 다양한 뜰을 만들었습니다. 그리고 그 환경에 어울리는 꽃으로 예쁜 정원을 만들고 싶어 꽃과 나무를 찾으러 서울 근교 화원을 거의 다 돌아다녔습니다. 특히 작은 대문과 어울리는 소나무를 찾던 중 구파발 근교에서 참 아담하고 운치가 있는 소나무와 함께 지금의 매화나무를 만났습니다. 대문 앞에 살고 있는 소나무와 함께 따라온 고목의 작은 매화나무는 양지바른 앞뜰 중앙 작은 동산 아래 심었습니다. 이곳 환경이 매화에게 너무 좋아 건강하고 무성하게 잘 자라 내가 상상했던 그 고풍스런 아름다운 자태는 모두 사라졌습니다. 마구마구 내미는 잎 달고 죽죽 뻗어 나가는 가지들이 햇볕을 좋아하는 주변 작은 꽃들에게 그늘을 만들어 꽃을 피우지 못하게 할 뿐만 아니라 앞뜰을 더욱 좁고 답답하게 보이게 했습니다. 너무 많이 뻗어 나가는 가지가 성가셔 늦가을까지 수시로 자르다 보니 고운 매화꽃도 피울 수 없는 가련한 나무가 되어 해가 갈수록 점점 짐이 되었고, 바라보는 것만으로 근심덩이가 되어갔습니다.

　앞뜰에서 열 번째 봄과 여름을 보내고서야 겨우 2010년 11월 아들이 쉬는 날 정원 일을 도와줄 수 있다기에 만사를 제쳐두고

드디어 매화꽃이 피었습니다.
꽃나무가 꽃을 피우는 것은 당연하지만 나에겐 더욱 특별한 순간이었습니다.

매화를 옮겼습니다. 매화의 생리적 특성을 제대로 파악 못한 나의 실수로, 이미 터전을 잡고 10년 건강하게 잘 자란 나무를 옮기려니 몸과 마음이 무거웠습니다. 깊고 넓게 퍼진 뿌리를 보며 너무 미안하다 수없이 중얼거리며 조심스럽게 잘라내고 파내어 아들과 함께 온종일을 뜰에서 보내고서야 겨우 턱 버티고 있던 매화를 데리고 나올 수 있었습니다. 그러자 앞뜰이 환하게 넓어졌습니다. 매화나무 뒤에 가려 있던 동산이 온전하게 다 보였습니다.

억지로 옮겨진 불쌍한 매화, 오랫동안 자신의 아름다움을 제대로 발휘 못한 매화를 위해 지금껏 알고 있는 지식을 동원해 고목의 운치를 느낄 수 있는 거친 질감과 매화의 모습에 어울릴 수 있는 화분을 찾아 이곳저곳 찾아다녔습니다. 드디어 찾아낸 검은 색의 중후한 느낌을 지닌 거친 질감의 고무 재질 정사각형 용기를 찾아서 옮겨 심고는 아주 흡족했습니다. 고생한 끝에 낙이 온다는 말을 떠올리며, 힘들게 종일 햇볕이 드는 용기정원으로 자리를 옮겼습니다. 매화가 의젓하게 안정된 모습으로 용기정원 중앙에 자리 잡고 보니 주변에 다양한 용기의 어수선함을 모두 거두고 안정된 모습으로, 정원이 편안하게 보였습니다. 그해 겨울 모든 꽃들이 없어진 황량한 정원에서 당당하고 고풍스런 매화의 나목은 정말 아름다웠습니다. 매화와의 인연이 10년이 넘었지만 매화가 이렇게 멋스러운 운치를 지니고 있는 줄 처음 알게 되었습니다. 유난히도 추웠던 그 해 겨울 매화는 잘 견뎌냈습니다.

그해 봄 오랫동안 애타게 기다렸지만 만나지 못한 소중하고 반가운 모습을 만났습니다. 드디어 매화꽃이 피었습니다. 꽃나무가 꽃을 피우는 것은 당연하지만 나에겐 아주 특별한 순간이었습니다. 비록 한두 송이 피었지만 천만금을 얻은 것처럼 벅찬 감동의 순간이었습니다. 매화의 아름다움을 두고 중국에서는 매화의 네 가지 귀함이 있다고 하였습니다. 나무의 모습은 첫째로 드문 것을 귀하게 여기고 무성한 것은 귀하게 여기지 않는다. 둘째 해묵은 노목을 귀하게 여기고 연약하고 어린 것을 귀하게 여기지 않는다. 셋째 마른 모습은 귀하게 여기고 비만한 모습은 귀하게 여기지 않는다. 넷째 꽃봉오리를 귀하게 여기고 꽃이 활짝 피어 있는 것은 귀하게 여기지 않는다고 하였습니다. 이와 같이 다른 나무에서는 좀처럼 느낄 수 없었던 운치를 나 역시 이제야 조금씩 알아가고 있습니다.

무성한 잎 모두 훌훌 벗어버리고서 추운 겨울 파란 하늘 아래 의젓이 서 있는 나목에서 느껴지는 그 자태는 중년을 넘어서야 운치와 멋을 제대로 알 것 같습니다. 날이 가고 해가 가면서 의젓한 매화를 볼 때마다 우리 아버지 젊은 날의 모습이 보입니다. 내 어린 시절 대문 입구에 서 있었던 큰 매화 한 그루를 보는 듯합니다. 그땐 그 매화나무가 그리 아름다운 줄 몰랐습니다. 그러나 세월이 흐르고 나이를 먹어감에 따라 매화를 볼 때마다 고향집 매화가 얼마나 운치가 있었는지 가슴으로 와닿습니다.

의젓하고 당당하게 서 있는 매화를 볼 때마다 돌아가신 아버지가 더욱 그리워집니다. 꽃을 무척 좋아하셨던 분이라 정원이 있는 우리집에 오시길 참 좋아하셨습니다. 그땐 왜 그리 아버지가 어렵고 무서웠던지, 먼 곳으로 떠나시고 나니 그리움만 가득 남았습니다. 조만간 날을 잡아 아버지 산소에 다녀와야겠습니다.

철쭉과 우리 아버지

우리집 정원에는 다양한 종류의 철쭉이 있습니다. 그중 온실 연못가에 30여 년이 훌쩍 넘은 아름드리 철쭉 한 그루가 있습니다. 큰아이가 대여섯 살 때부터 지금까지 한결같은 고운 모습으로 살고 있는 정원의 식물 중 가장 오래되었습니다. 이 아이는 친정에 갔다 불쌍하게 만난 아이입니다. 무슨 일인지 친정 정원에 뿌리채 뽑혀져 뒹굴고 있었습니다. 불쌍해서 바로 차에 실어서 우리집으로 데리고 와 화분에 소중히 심어 잘 키웠습니다. 큰아이가 초등학교 5학년이 되었을 때 더 넓은 정원이 있는 지금 사는 남향집으로 이사를 오면서 현관 입구 계단에 두었는데, 해마다 예쁘게 잘 자라 커다란 아름드리나무가 되었습니다.

어느 날 친정아버지가 오셔서 이 나무 몸단장 시킨다고 가지치기를 하시면서 몽땅 잘라 버렸습니다. 잘려진 몽땅한 모습이 하도 애석해서, 무서운 아버지가 바로 옆에 계셨지만 순간적으로 "아이고, 몽땅 잘렸네"라고 나도 모르게 서운한 마음이 흘러나와 버렸습니다. 그때 우리 아버지가 머쓱해하시며 무안해하시는 모습이 지금도 눈에 선합니다. 그 후로는 한 번도 우리집 꽃밭에서 가위질을 하시지 않았습니다.

우리 아버지는 유난히도 꽃을 좋아하셔서 정원이 있는 우리집에 오시길 좋아하셨습니다. 다른 자식들 집은 아파트라 답답하다

2012년 5월이 지나갈 무렵 금붕어가 잘 있는지 궁금해 연못 속을 들여다보니
연못 속에서도 아련한 그리움 담아 피어난 연분홍빛 철쭉꽃이
금붕어들과 함께 놀고 있었습니다.

고 밥도 한 끼 잘 드시지 않으시고 잠깐 머물다 가시는 분이었지만, 우리집에서는 며칠 머물러 계시다 내가 힘들까 집으로 돌아가셨다가 손주들이 보고 싶다면서 자주 오셨습니다. 그땐 한편 반갑기도 하였지만 아버지가 무서워 어렵기도 했습니다. 철쭉을 볼 때마다 그렇게 엄하고 무서웠던 우리 아버지가 난생 처음 무안해 하시던 모습이 떠오릅니다. 여전히 이 나무는 세월이 흐를수록 점점 멋스러운 수형으로 고풍스럽게 살고 있습니다. 하지만 그렇게 무서웠던 아버지는 다시 만날 수 없는 곳으로 떠나셨고, 그 빈자리에는 사랑과 그리움만 남았습니다.

언제부터인지 알 수 없지만, 철쭉을 아주 좋아했습니다. 봄에는 예쁜 꽃들 올망졸망 달고 나오는 모습이 꼭 시골 사촌언니 같은 정겨움이 있어 좋고, 가을에는 울긋불긋한 고운 단풍도 있습니다. 겨울에는 예쁜 단풍 얼기설기 달고서 한겨울 잘 지내다 이른 봄날 피는 봄꽃 아이들이 사라질 무렵 철쭉들이 이곳저곳에서 연달아 고운 꽃빛으로 화려하게 꽃을 피워냅니다. 특별히 보살피지 않고 물만 주면 잘 자라서 고운 꽃 한아름 펼쳐내는 기특한 아이였습니다. 하지만 하도 오래 함께하다 보니 너무 편하고 친숙해, 언제부터인가 존재를 까마득하게 잊고 꽃피는 계절이 오면 "아, 예쁘게 꽃이 피었네" 하면서 그냥 지나가고 잊어버렸습니다. 철쭉이 단풍든 모습을 보면 겨울 준비하느라 항상 바빴습니다. 언제부턴가 이 아이는 연못을 위해 존재하는 배경으로만 여겨져 나뭇가지에는 큰아

이가 데려온 산타할아버지 인형을 달았고, 나무 아래에는 여행 갔다 기념품으로 사온 새 조각이나 조그만 인형을 두고, 둥치 주변 돌 틈에는 소엽풍란을 심어서 잘 자라는 모습을 즐기기만 했지요. 이렇게 진작 이 아이의 본래 모습을 잊어버리고 살았습니다.

2012년 5월이 지나갈 무렵 금붕어가 잘 있는지 궁금해 연못 속을 들여다보니 연못 속에서도 아련한 그리움 담아 피어난 연분홍빛 철쭉꽃이 금붕어들과 함께 놀고 있었습니다. 참 평화롭고 사랑스런 이 풍경에 철쭉나무가 나에게 얼마나 소중한지 다시 깨달았습니다. 그 긴 세월 동안 바로 내 곁에서 좋은 일 궂은일 함께 치르면서 한결같은 모습으로 나를 지켜주고 있는지 알게 되었습니다. 다음날 이른 아침 철쭉나무 가지 사이로 들어온 아침 햇살이 하도 고와 멍하니 쳐다보니, 나뭇가지에서 멀리 가신 우리 아버지의 팔뚝이 보였습니다. 불룩불룩 핏줄이 나온 우리 아버지의 팔뚝. 철쭉 가지를 몽땅 자르고 무안해 하시던 그 모습도 다시 떠올랐습니다. 떠나가신 후에야 그 엄하던 사랑이 얼마나 큰 줄 알게 되었습니다.

동백꽃과 새

이 예쁜 아이를 좀 보세요. 비록 투박한 창문 틀 구석에서 꽃 한 송이 피었지만, 맑고 단아한 동백꽃의 아름다움은 삭막한 주변 환경조차 막을 수가 없습니다. 초가을부터 창밖에서 불꽃처럼 꽃을 피우고 있는 파인애플 세이지와 예쁜 인연으로 만나 서로 마주보고 꽃다운 고운 이야기 나누며 서로 고운 배경이 되어주는 사랑스런 이 아이들을 내려다보면 나도 해맑고 단아한 동백꽃이 됩니다. 이 나무는 천리향과 함께 우리집 정원에서 온실을 태어나게 한, 온실의 터줏대감입니다. 해마다 2월이 끝나갈 무렵 검푸른 녹색 잎새들 품에서 붉은 빛으로 꽃을 피우지만, 결코 화려하거나 오만하지 않은 정갈한 모습입니다.

잠결에 어렴풋이 들리는 새소리와 새들이 날갯짓하는 소리에 눈을 떠 온실을 바라보니 해맑은 햇살과 함께 놀러온 새가 동백나무 사이로 날아드는 것이 보입니다. 이른 새벽부터 놀러 온 새가 반가워 가만히 바라보니, 이미 한 녀석은 먼저 와서 요 녀석을 맞이하면서 서로서로 날갯짓으로 장난하고 좁은 동백나무 가지 사이를 포르륵거리며 옮겨 다니고 있었습니다.

바로 그 순간 한 녀석이 빨간 덩이 위에 앉아 무언가 쪼아 먹고 있는 것 같았습니다. 눈이 나쁜 나는 가만히 바라보다 언뜻, '아니, 벌써 동백꽃이!' 하면서 벌떡 일어나 반가워 맨발로 나가보니 창

이 예쁜 아이를 좀 보세요. 비록 투박한 창문 틀 구석에서
꽃 한 송이 피었지만, 맑고 단아한 동백꽃의 아름다움은
삭막한 주변 환경조차 막을 수가 없습니다.

으로 들어오는 맑은 아침 햇살 마주보며 단아하게 꽃을 피우고 있었습니다. 무성한 녹색 잎새들 품속에서 맑고 고운 새빨간 꽃 한 송이를 피우고 있었습니다. 이 녀석들이 오기 전까진 나는 전혀 몰랐습니다. 지난봄에 동백꽃 잎을 모조리 쪼아 먹다가 쫓겨난 간 큰 새가 오늘 새벽에는 딱 한 송이 핀 꽃잎은 먹지 않고 동백나무에서 놀다가 나를 보자 동백꽃이 피었다고 알려주듯이 꽃 위에 살포시 앉아서 놀다가 날아갔습니다. 평소엔 이 녀석의 목소리가 너무 시끄러워 좋아하지 않았는데, 고맙게도 첫 동백꽃 마중할 수 있도록 착한 짓을 하고 날아갔습니다.

욕심 많은 우리들보다 맑고 고운 눈을 가진 순수한 새들과 주변의 작은 생명들이 꽃 소식을 먼저 알고 있었나 봅니다. 한낮에 햇살이 하도 고와 신선한 바람, 맑은 공기, 햇살 편하게 들어오라고 현관 입구 계단 창문 한 짝을 열어 두었습니다. 바람과 햇살뿐만 아니라 새들도 들어왔습니다. 아마 며칠 전 이른 아침에 나를 깨워 동백꽃이 피었다고 알려주고 날아갔던 고마운 그 새가 꽃잎 한 입도 먹어보지 못하고 날아갔던 그 아쉬움에 다시 이 창문으로 날아들었나 봅니다. 아무것도 모르고 온실을 바라보다 갑자기 화들짝 하는 소리에 놀라 쳐다보니, 새 두 마리가 혼비백산하고 이리저리 정신없이 가느다란 석류나무 가지에 앉았다 휘어진 가지 따라 자빠지고 난리가 났습니다. 두 녀석이 여유롭게 동백나무에 앉아 꽃놀이하면서 동백꽃을 먹으려던 도중에 갑자기 나타난 나를

보고 도둑이 제 발에 놀라 들어온 문도 못 찾고 도망을 가려고 창문에 부딪치고 머리를 박고 난리를 피우고 있습니다. 평소엔 아주 대담했던 새가 갑자기 나를 보자 간이 콩알만 해졌나 봅니다. 이제 겨우 몇 송이 꽃을 피우기 시작한 꽃을 먹으러 온 심보가 얄미워 고생 좀 하라고 계속 마주보니 한참 동안 난리를 피우다 겨우 정신을 차리고 동백나무 속으로 숨어들었습니다.

천리향 향기 가득하고 붉은 홑동백꽃이 가득 피어난 2월 끝자락, 천리를 간다는 천리향의 꽃향기가 하도 좋아 나 혼자 즐기기 아쉬워 삭막한 이 마을에 꽃향기도 전하고, 동네 벌들도 초대하려고 창문을 활짝 열어 두었습니다. 올 겨울 내내 감나무에서 감을 독차지한 새 두 마리가 동박새 대신 또 날아들었습니다. 반가운 마음에 한참 가만히 쳐다봅니다. 이 녀석들 천방지축으로 활개치고 놉니다. 동백나무에 앉아서 예쁜 동백꽃을 모두 따 먹을 기세입니다. 오랜만에 꽃을 만나서 신나게 잔치하는 벌들은 모두 도망가고 이 녀석들이 동백나무를 차지하고서 미처 도망치지 못한 벌들 잡아먹는 듯 날렵하게 부리를 쪼아대더니 동백꽃을 쪼아 먹으면서 날카로운 부리에 꽃잎 물고 있네요. 아이고, 저 불쌍한 내 고운 동백꽃 하면서도 저 녀석이 귀엽기도 하고, 신기하기도 하니, 이 마음 어찌합니까. 그냥 자연의 순리에 따라야지 하면서도 저 녀석이 날카로운 입으로 고운 동백꽃을 먹을 때마다 내 마음도 콕콕 찔리는 듯합니다.

에고, 요 녀석들 이젠 제 집 드나들듯이 새벽부터 날아와
시끄러운 목소리로 아침잠을 깨우며 동백나무에 놀러와
꽃을 몽땅 다 먹어 버릴 태세입니다.

에고, 요 녀석들 이젠 제 집 드나들듯이 새벽부터 날아와 시끄러운 목소리로 아침잠을 깨우며 동백나무에 놀러와 꽃을 몽땅 다 먹어 버릴 태세입니다. 이제는 더 이상 참지 못하고 나가 보니 아이구 불쌍하게도 곱게 막 피어난 동백꽃을 많이도 먹어버렸습니다. 나는 누구 편을 들어야 할까요? 처음엔 온실로 들어와 동백꽃과 놀고 있는 이 귀여운 새들이 무척이나 신기하고 반가웠지만, 이젠 하는 수 없이 창문을 닫아야 했습니다. 창문을 닫고 보니 이녀석들 앞뜰 감나무에서 난리가 났습니다. 문 열어 달라고 시위를 하듯 시끄러운 소리로 온종일 울어대지만 동백꽃을 보호하기 위해 끝까지 모르는 척 제 풀에 지치도록 문을 열지 않았습니다. 작년까진 이 녀석들이 예쁜 짓 미운 짓 모두 하였지만, 그래도 반가웠습니다. 하지만 내 마음도 세월 따라 변해 가나 봅니다. 욕심 많고 극성스러운 이 녀석들 땜에 아직은 꽃이 없는 2월 끝자락, 꽃을 만나 신나게 꿀과 꽃가루를 모으기에 여념 없었던 부지런한 벌들에게 미안해 벌이 들어올 수 있도록 또 다시 창문을 조금만 열어 두었습니다.

우리집 동백은 약 30여 년간 나와 함께 살아온 아이랍니다. 우연히 하남에 있는 조그마한 화원에서 아담한 나무 한 그루를 보았습니다. 그 나무가 겹동백이 아닌 홑동백이라는 주인의 말을 믿고 나에겐 제법 무리가 되었지만 행복한 마음으로 데려왔습니다. 지금 같으면 꽃을 보지 않고는 절대 있을 수 없는 일입니다. 다행히

우리집 동백은 약 30여 년간 나와 함께 살아온 아이랍니다.

좋은 인연이 될 징조였던지 이 아담한 동백은 참 건깅하게 탐스런 꽃망울 조랑조랑 달고서 예쁜 모습으로 꽃을 피었습니다. 그러나 겨울이 문제였습니다. 그 당시 서울에선 밖에서 추운 겨울을 지낼 수 없기에 겨울이 오면 큰 화분에 심어 그 무거운 화분을 식구들에게 부탁해 힘들게 실내에 들여 놓았습니다. 햇살도 부족할 뿐만 아니라 건조한 실내 환경에 적응하지 못해 상록인 아름다운 잎과 탐스런 꽃망울이 모두 떨어져 아름다운 자태는 서서히 허물어져 갔습니다. 자주 분무기로 물을 뿌려 주었지만 소용이 없었습니다. 해마다 반복되는 일이라 참 난감하였습니다.

이 허무함과 아쉬움이 지금 우리집 온실이 탄생하게 된 계기가 되었습니다. 온실에서 터를 잡은 후 해마다 조금씩 가지치기를 해야 할 만큼 건강하게 잘 자라 여름 끝자락 녹색 꽃망울을 한아름 올리고, 그 꽃망울 모두 건강하게 잘 보듬어 추운 겨울에도 가끔은 무성한 녹색의 잎 사이에서 빨간 동백꽃이 단아하고 고귀한 모습으로 핍니다. 그렇게 겨울을 지내다 이른 봄날 새빨간 동백꽃으로 온실을 붉게 물들이고 벌들과 새들을 불러모읍니다. 요즘은 서울에서도 월동이 된다고 하지만, 밖에선 동백 본연의 아름다운 모습을 기대하기 어렵습니다.

이 아름다운 동백은 강한 햇볕과 건조함, 강한 추위를 이겨내는 힘이 약하답니다. 가끔 남쪽 지방을 여행하다 온종일 햇볕 있는 곳에 가로수로 심겨서 반짝이는 녹색 잎들이 햇볕에 그을려 누렇게 변색되고 고운 꽃들과 잎사귀들이 흙먼지를 덮어쓰고 초라하게 서 있는 모습을 보면 가슴이 참 아프답니다. 꽃과 나무를 심을 땐, 최소한 이 아이들이 어떤 환경에서 아름답고 건강하게 잘 사는지 꼭 미리 알아보아야 합니다.

천리향과 나

찬바람이 부는 11월 이른 아침 고운 햇살에 창을 여니 포근한
햇살 따라 고운 향기가 살금살금 내 곁으로 다가옵니다. 살포시
주변을 감도는 이 향긋한 향기는 철없이 뛰놀았던 어린 시절이 생
각나게 하는 추억의 그 향기입니다. 너무 반가워 얼른 천리향 곁
으로 다가가 허리 굽혀 찬찬히 들여다보니 옹기종기 모여 앉은 꽃
망울 틈에서 아주 귀여운 꽃 한 송이가 피었습니다. 연하디 연한
토실토실한 아기 궁둥이 같은 꽃잎이 살포시 꽃 문을 열었습니다.
얼마나 고운지 만져보고 싶지만 행여나 다칠까 겁이나 만져 보지
못하고 대신 사랑스런 눈길로 마주합니다.

집을 떠나 결혼, 육아 등으로 까맣게 천리향의 존재를 잊고 살
았습니다. 그러다 정원이 있는 이 집으로 이사를 왔을 때 천리향
을 다시 만났습니다. 꽃을 좋아하는 친정 부모님이 딸이 정원이
있는 집으로 이사한 기쁨에 저 멀리 울산 친정집에서 자라고 있던
조그만 천리향을 품고 오셨습니다. 혹시나 다칠까 흙으로 뿌리를
소복이 감싸서, 평생 짐이라곤 들고 다니시지 않던 아버지가 손수
들고 오셨습니다. 그때 그 만남이 얼마나 소중하고 반가웠던지 아
직도 그 장면이 눈에 선합니다. 그 천리향을 약 3년 동안 키웠지만
더 크지도 않고 처음 올 때와 똑같은 모습으로 꼼짝도 않고 가만
히 있어서 애를 태우더니 어찌 되었는지 그만 죽어버렸습니다. 얼

너무 반가워 얼른 천리향 곁으로 다가가 허리 굽혀 찬찬히 들여다보니
옹기종기 모여 앉은 꽃망울 틈에서 아주 귀여운 꽃 한 송이가 피었습니다.

마나 애통하고 속상했던지, 그때 처음으로 천리향 기우기가 힘들고 까다롭다는 사실을 알았습니다. 잃어버린 천리향이 그립고 아쉬워 찾으러 다녔지만 그때는 일반 화원에서 천리향을 만나기 쉽지 않았고, 또 어쩌다 만나면 가격이 비쌌습니다.

그러던 중에 참하고 건강하게 생긴 조그만 녀석을 만났습니다. 반갑고 좋아서 품에 안고 소중히 화분에 심었습니다. 참 고맙게도 건강하고 아담한 예쁜 모습으로 잘도 자랐습니다. 도톰한 녹색 잎을 무성하게 펼치며 가지 끝에 귀여운 꽃망울도 많이 맺었습니다. 그러나 동백처럼 추위를 이기는 힘이 약해, 힘들게 거실에 옮겨 놓으면 송골송골 탐스런 그 꽃망울은 싱그러운 잎과 함께 생기를 잃고 속수무책으로 주르륵 떨어졌고, 내 가슴도 주르륵 함께 무너져 내렸습니다. 그 애타는 모습을 곁에 두고 애를 태우며 여러 해가 지났습니다.

주변에서 참 영특하다고 천재라고 입방아에 오르며 큰 희망을 준 막내아들이 원하던 대학 진학에는 실패했습니다. 그동안 나름대로 최선을 다해 살아온 내 꿈과 희망이 다 무너진 것 같았습니다. 그 방황의 끝에서 탈출하기 위해 드디어 그리 소원하던 내 꿈의 공간, 이 천리향과 동백을 위한 온실을 만들었습니다. 모두 온실에서 서로 어우러져 건강하고 예쁘게 잘 살았습니다. 그러나 천리향의 소담스런 아담한 수형이 너무 좋아 내 과한 욕심에 내 눈길 가장 가까운 멋진 장소를 찾아 겁없이 이리저리 한 해에 세 번이나 자리를 옮기다 보니 그만 힘없이 약해져 갔습니다. 그때서야 내 무모한 행동을 후회하고 자책했지만, 소용없는 일. 그해 겨울 결국 정이 든 천리향은 떠나버렸습니다. 지금 생각하면, 내 어리석은 자신감과 욕심, 무모한 행동이 이해가 가지 않습니다. 또 다시 천리향 찾기가 시작되었습니다. 하지만 아직도 그 아름다운 천리향은 만나지 못하고, 그때 남겨진 자식들(삽목으로 번식한)만 남아 온실에서 꽃도 피우며 살았지만, 이유도 없이 하나둘 안타깝게 가버렸습니다. 또 다시 겨우 만난 천리향은 지금 온실 화분에서 건강하게 살고 있습니다.

천리향이 왜 동백과 철쭉처럼 땅에서 함께 살지 못하고 화분에서 살아야 하는지 그 이유를 가늠하기까진 또 많은 시간이 흘렀습니다. 꽃향기가 천리를 간다고 해서 이름 지어진 천리향의 정식 이름은 서향입니다. 서향은 무성하게 잘 자라는 나무가 아닙니다. 아담하고 안정된 느낌으로 아주 천천히 자라는 수형이 단정한 나무입니다. 참 특이하게도 천리향은 성숙한 나무라도 원인도 모르게 죽는 경우가 있다고 합니다. 혹시나 키우다가 죽더라도 원인을 찾으려고 너무 애를 쓰지 말아야겠습니다. 흔히 식물도 사랑해 주면 잘 자란다고 하지만, 우리네 자식처럼 너무 과한 애착을 가지면 독이 된다는 것을 명심해야 합니다.

그리운 자두나무와 꽃산딸나무의 행복

대문 옆 화단에서 꽃을 곱게 피우는 꽃산딸나무를 볼 때면 자두나무가 자꾸만 생각납니다. 봄 햇살이 충만한 4월 끝자락에 연둣빛 새 옷 입고 하얀 꽃망울 동실동실 달고서 나에게 꿈을 실어주던 나무입니다. 벚꽃, 목련, 진달래, 개나리와 같은 대부분의 봄꽃들은 잎도 나오기 전, 외로이 홀로 꽃을 피워 왠지 허전함을 주지만, 이 자그마한 하얀 자두꽃만은 다정스럽게 연둣빛 새 잎사귀와 함께 나와 여린 잎사귀 품에서 날아갈 듯 새하얀 꽃을 피워냅니다.

봄날의 아름다움 펼치며 동네 벌들을 불러모아 새소리 가득한 봄날의 자두나무는 희망과 소망의 나무였습니다. 그러나 그 꿈은 언제나 실망과 허무함이었습니다. 자두나무는 하얀 자두꽃도 아름답지만, 한여름 루비 같은 탐스런 검붉은 자두가 주렁주렁 달리면 내 마음에 보석을 한가득 담은 것 같은 아름다움이 있습니다. 봄날에 핀 새하얀 꽃을 바라보며 검붉은 자두를 만나길 기다리고 꽃으로 모여든 동네 벌들이 윙윙거리는 그 소리, 어린 시절 참 무서웠던 그 소리도 자두를 기다리는 나에게는 이제 희망의 소리였습니다. 그러나 그 희망은 언제나 허무하게 사라지고 천방지축으로 뻗어 나가는 가지는 푸른 잎만 가득 달고 하늘 높이 오르다 어느새 무성한 벌레들의 터전이 되었습니다.

하지만 처음부터 이러진 않았습니다. 지금의 정원이 조성되기

전, 자두나무는 높은 담장 옆에 살았습니다. 거름도 물도 주지 않고 따로 관리를 하지 않았는데도 예쁜 자두를 풍성하게 달았습니다. 정원을 정비하고 모과나무와 자두나무가 원래 살던 곳에 온실이 만들어지면서 두 나무에겐 시련이 시작되었습니다.

모과나무는 너무 큰 고목이라 자리를 옮길 수 없어 그 자리에 그냥 두었지만, 자두나무는 쉽게 대문 옆 작은 화단 위로 옮겼습니다. 비록 자두 열매는 달지 못하였지만 대문 입구 화단 위에 턱 하니 올라앉아 대문 건너편 소나무를 느긋이 내려다보며 주변 돌 틈에 엎어져서 사는 꽃댕강나무, 빈터만 있으면 비집고 들어가 터를 잡고 사는 분꽃, 작은 대문 기둥 틈에서도 강인하게 사는 구절초랑 어우러져 풍성하고 편안하게 의지해 살아가도록 배려해주는 마음씨 넓은 품 같았습니다. 그러나 해가 갈수록 점점 자두를 기다리는 내 마음을 아는지 모르는지, 자두 하나 달지 못하고 덩치를 키우며 무성한 가지에 잎만 가득 달고서 한여름엔 꼭 귀신이 머리를 풀고 서 있는 모습으로 변해 갔습니다.

너무 답답하고 지저분해 공기 순환도 시켜 주고 매무새를 단정하게 해주기 위해 남편의 도움을 받아 곡예를 하듯 나무 위로 올라갔습니다. 미운 마음에 원망도 하면서 미운 가지 엇가지 자르며 수형을 잡아 가니 남편이 "미운 마음으로 하니" 그럴 수밖에 없다고 나를 원망합니다. 그러나 그 미운 마음도 시간이 좀 지나면 곧 사라지고, 또 다시 제발 내년엔 예쁜 자두 좀 보여 달라고 똑같은

부탁을 합니다. 아쉽게도 자두나무가 이 간절한 부탁을 들어줄 수 없었습니다. 자두나무 같은 과일나무는 대부분 여름에 꽃눈을 형성하는 것이 많아 여름철에는 전정을 하지 말라고 합니다. 하지만 이 녀석 머리 풀고 벌레집이 된 그 모양새를 참을 수 없다고 겨우 키워낸 가지를 마구 잘라내니 이 녀석도 얼마나 답답하고 억울했겠습니까? 결국 그 마음 깊이 헤아려 지저분하고 어수선해도 마음대로 자라도록 가만히 두었습니다. 혹시 내년에는 예쁜 자두 풍성하게 달아 줄까, 그 해에는 무성하게 자라나는 엇가지조차 꾹 참고 가지치기를 하지 않고 12월에 간단한 전정만 해주었습니다.

그해 가을에는 혹여 내 간절한 마음 알아채고 이듬해에 예쁜 자두를 좀 달아 줄까 애원의 눈길 보내며 꾹꾹 참다 보니 어수선하고 지저분한 모습은 서서히 사라져가고 가을빛으로 물든 감나무 잎사귀들과 어우러져 가을의 아름다운 정취를 오랜만에 보여 주었습니다. 또 다시 봄이 오고 새하얀 꽃들이 피고 그 희망의 정다운 꽃들에게 예쁜 자두를 보내 달라 소망하고, 꽃이 진 후 목이 아프도록 보이지도 않는 아기 자두를 찾아보았습니다. 그러나 한 녀석도 보이지 않았습니다. 그래도 몇 녀석들은 숨바꼭질하듯이 한여름 날 행여나 나타날까 대문을 드나들며 틈틈이 찾아보았지만, 야속하게도 10년이면 강산도 변한다는 그 긴 세월 동안 애타게 기다리는 열매 하나 달지 못하고 하늘 높이 뻗어가며 더 기고만장하게 나를 괴롭히고 힘들게 하였습니다.

불쌍한 자두나무를 보내고 나니
허전하고 미안한 내 마음과 달리 앞뜰이 환해졌습니다.

더 이상 기대하는 마음은 미련이라는 한계에 도달해 결국 모진 마음먹고 2015년 5월 자두나무를 보내야 했습니다. 이래저래 함께 살려고 이 책 저 책 찾아보면서 참 많이 노력했습니다. 힘든 일들도 모두 참아내고서 기다려 보았지만 학수고대하는 그 예쁜 자두는 영영 나타나지 않아 더 이상 키울 수가 없었습니다. 이 나무를 데려갈 사람이나 필요한 분들과 서로 연결할 작은 연결기관이 있다면 좋겠지만, 갈 곳 없는 이 나무와 함께 살기엔 우리집 정원이 너무 좁은 것 같았습니다. 불쌍한 자두나무를 보내고 나니 허전하고 미안한 내 마음과 달리 앞뜰이 환해졌습니다. 그러나 참 무딘 남편은 자두나무가 사라진 줄도 몰랐다고 합니다. 그 긴 세월 동안 함께하려고 수많은 생각과 아쉬움으로 힘들었던 애증의 녀석이 남편에게는 아무런 존재감도 없었다니 너무 놀라워서 나와 남편 간 생각의 거리를 절감하였습니다.

자두나무가 떠난 텅 빈 허전한 자리에 거실 앞 작은 뜰 용기에서는 그리 예쁜 모습으로 살지 못했던 꽃산딸나무를 심었습니다. 자두나무와 사는 환경은 크게 다르지 않지만 답답한 화분에 살았던 아이라 무난하게 터를 잡고 특별한 보살핌 없이도 몸을 키우며 무럭무럭 자랐습니다. 그해 늦가을 무성하게 펼쳤던 잎 모두 사라지고 나목으로 남은 가지 끝에 조그만 망울이 보았습니다. 함께 산지 3년이 되었지만, 작은 망울은 처음 보았습니다.

그해 겨울 가지 끝에 올라앉은 작은 망울이 행여 꽃망울이 아닐

참 곱지요? 이 고운 꽃산딸나무를 볼 때마다 이곳에서 참 힘들고 서럽게 살다간
자두나무가 자꾸만 생각납니다.

까 희망하며 행여나 혹한에 사라질까 틈틈이 바라보며 이 나무의 꽃꿈을 함께 꾸었습니다. 행여나 헛꿈이 아닐까 생각도 해보지만, 꿈꾸는 것만으로도 그해 겨울 정원에서 만나는 가슴 설레는 작은 행복이었습니다. 참 신기하게도 요 작은 망울은 매서운 한파에도 하나도 상하지 않고 당차게 견디며 모두 건사하여 따사로운 봄 햇살에 몸을 봉곳이 키우며 연둣빛의 꽃망울이 되었습니다. 내 꿈과 희망이 현실이 되어 봄이 무르익는 4월의 끝자락 꼭꼭 문을 닫고 있던 앙증맞은 꽃망울은 문을 살포시 열고 자그만 꽃을 피웠습니다.

이 작은 꽃은 하루이틀 날이 갈수록 꽃도 키우고 초록빛은 점점 사라지고 연분홍빛으로 화려하고 우아해져 사람들의 눈길을 사로잡았습니다. 정원을 지나는 사람마다 이 꽃의 이름을 물어 보고 예쁘다며 칭찬하고 어디 가면 구할 수 있냐고 종종 물어 봅니다. 작은 뜰에 살 땐 이 꽃이 이렇게 귀엽고 아름다운 줄 몰랐습니다. 꽃산딸나무의 꽃 피는 모습은 참 신기하고 특별합니다. 대부분의 꽃들은 피고 지고 새로운 꽃을 피우기에 꽃을 피우는 기간은 길지만 한 송이가 꽃이 피는 기간은 그리 길지 않습니다. 그러나 이 아이는 특이하게도 꽃 한 송이가 거의 한 달 동안 피어 있으면서, 그 꽃은 날이 갈수록 꽃빛이나 모습이 오묘하게 변해 꽃이 사라질 무렵에는 신비하게도 처음과 전혀 다른 모습의 꽃이 됩니다. 그래서 꽃산딸나무의 작은 망울이 꽃을 피우는 한 달간의 신비로운 여정은 마치 여자의 일생을 보는 듯합니다.

연둣빛 아기 꽃은 하루하루 다르게 꽃잎을 키우고 펼치며 열정과 희망에 가득 찬 꿈을 한껏 담은 주황빛 소녀가 됩니다. 날이 갈수록 그 소녀는 연분홍빛 꿈을 펼치는 단아한 여인이 되어 삶의 절정인 중년의 삶을 살아가면서 만만치 않은 세상살이에 몸도 마음도 영글고 숙성된 넓은 엄마 품속 같은 마음으로 살다가, 서서히 마지막 꽃이 질 무렵 모든 책임과 의무를 다한 여유로운 노년의 우아한 삶을 보는 것 같습니다. 네 장의 연분홍 꽃잎은 유연한 곡선이 되어 활짝 펼치며 우아하게 날아오를 듯 하늘거리며 백발이 스며들듯 희끗희끗 희미한 분홍 꽃잎은 자유로운 영혼처럼 피었다, 이 아름다움이 사라질 무렵 꽃산딸나무의 신비로움은 다시 나타납니다. 마치 할머니 품속에 손주들이 모여들어 재롱을 피우듯 암술 주변으로 모여든 수술 중 몇몇 아이들은 작은 꽃이 되고 중앙에는 연둣빛 새잎을 내미는 독특한 모습으로 오순도순 꽃을 피우다 사라집니다.

암술과 수술이 모여 있는 꽃밥을 보세요. 참 신기하게도 꽃밥에서 새로운 작은 꽃이 옹기종기 새롭게 피어납니다. 어린 잎새도 내밀고요. 작은 꽃에도 수술과 암술도 있고요. 참 귀엽고 신비롭지요. 이 아이도 산수국처럼 지금까지 꽃이라고 보았던 연분홍꽃은 나비를 유인하기 위한 헛꽃이고 꽃밥 속에 이 귀여운 노란 꽃들이 진짜 꽃인지 알 수는 없지만 참 신기한 모습입니다.

꽃산딸나무의 또 다른 매력은 서늘한 바람이 불고 가을이 오면,

꽃산딸나무의 작은 망울이 꽃을 피우는 한 달간의 신비로운 여정은
마치 여자의 일생을 보는 듯합니다.

잎과 줄기가 점점 팥죽빛으로 물드는 단풍잎이라고 합니다. 더욱이 산딸나무의 아름다운 모습은 가을에 새빨간 딸기 모양의 열매에도 있습니다. 산딸나무라고 이름을 지은 것도 산딸기 모양의 열매 때문이랍니다. 맛이 감미로워서 새들의 좋은 먹이가 되고 있답니다. 그러나 우리집 꽃산딸나무는 자두나무처럼 단풍도 곱지 않을 뿐 아니라 아직 열매를 달지 못하고 있습니다. 나는 꽃산딸나무에 열매가 있는 줄 몰랐습니다. 열매가 있다는 것을 몰랐으니, 꽃만 펴도 그냥 예쁘기만 했습니다.

그러나 자두가 참 예쁘다는 것을 아는 나는, 자두나무에게는 꽃보다 열매를 더 기다렸습니다. 이 환경에 적응해 살아가기 위해 최선을 다하던 자두나무는 얼마나 답답하고 억울했을까요? 결국 자두나무와 꽃산딸나무의 삶은 나로 인해 행복과 불행이 갈렸습니다. 어디 제가 비단 자두나무에게만 사려 깊지 못한 일을 했겠습니까? 뒤돌아보면 내 둥지를 떠난 아이들에게 후회 가득한 일들이 참 많습니다. 내 자식이기에 '특별히' 잘 키우고 싶다는 과한 욕심 때문에, 아이들을 참 많이 힘들게 했습니다. 지금 생각해 보면 후회 가득한 부질없는 일이지만, 다시 그 시절로 돌아간다면 절대로 그렇게 하지 않으리라 다짐을 하지만, 슬프게도 절대 되돌아 갈 수가 없겠지요.

암술과 수술이 모여 있는 꽃밥을 보세요. 참 신기하게도 꽃밥에서
새로운 작은 꽃이 옹기종기 새롭게 피어납니다. 어린 잎새도 내밀고요.

얼레지의 기적

2018년 봄날, 기적 같은 일이 일어났습니다. 엄마야! 이 아이가 왜 여기에 있는지 깜짝 놀랐습니다. 행여나 사라진 얼레지가 아닐까 들여다보고, 며칠 동안 이 아이 모습을 관찰해 보았지만 분명 얼레지가 맞았습니다. 그리운 그 얼레지가 다시 태어났습니다. 분명 온실 벽면 계단 입구에서 살다가 사라진 아이가 어떻게 담장 앞까지 와서 나타났는지 도저히 믿기지가 않았습니다. 누군가에게 이 신비로움을 말해주면 거짓말이라 하겠지요. 하지만 분명 이 아이는 기다리다 완전히 포기하고도 미련을 버리지 못하고 막연하게 기다리던 바로 그 얼레지였습니다. 게다가 너무나 신기하게도 처음 이 아이가 자라도록 골라준 장소에서 약 2미터 떨어진 앞뜰 돌담장 깽깽이가 사는 곳에 스스로 새로운 터전을 선택해서, 그때 사라진 그 모습 그대로 3년 만에 다시 나타났습니다. 이 기적 같은 만남이 믿을 수 없어 하루에도 수없이 들여다보다 2015년 마지막으로 정원에 나타났던 사진을 확인하고서야 감히 말합니다. 내 정원에서 일어난 자연의 신비로움, 얼레지의 기적이라고!

얼레지는 참 연약한 풀이랍니다. 콩알만 한 방울 뿌리가 아주 가늘고 여린 기다란 실줄기 끝에 매달려 땅속 깊이 살고 있기에 데리고 나오기가 불가능한 녀석이라 화원에서도 만나기 힘듭니다. 여린 아이가 땅속 깊이 2년 동안 살아 있었다는 것만도 신통한

데, 더욱 신기한 것은 가냘픈 실줄기 끝에 매달린 뿌리가 어떻게 2년 동안 약 2미터나 스스로 이동하여 다시 나타날 수 있었을까요? 이 모습이 도저히 이해가 되지 않았습니다. 그냥 기적이라는 말밖에는.

이 기적 같은 얼레지는 아주 오래전 매혹적인 꽃에 반해 힘들게 데려와 원래 살던 환경에 가까운 앞뜰 동편 온실 벽면 계단 입구 철쭉나무 앞에 소중히 심었습니다. 참 고맙게도 그 다음해 이른 봄날에 새잎을 내밀고 그 다음해 이른 봄날부터 매혹적인 꽃을 피우며 제법 많은 식구들까지 데리고 나왔습니다. 그제야 안심하고 내 정원에서 꽃 피우고 사는 얼레지 마을의 아름다움을 상상하며 영원히 만날 것처럼 좋아했습니다. 새 봄날 제일 먼저 빈 땅에서 빨가숭이 얼레지 식구들을 만나면 좋아서 반갑다고 미소를 지으며 몇 년간 잘 살았습니다.

하지만 언제부턴가 얼레지 마을은 고사하고 하나둘씩 사라지더니 너무나 허망하게도 완전히 사라져 버렸습니다. 하도 애통해 사라진 이유를 몰라 행여나 주변에 놓인 여러 화분들 때문에 바람이 통하지 않나 싶어 살금살금 주변을 정리해서 바람 길도 만들어 주었습니다. 땅속 깊이 숨어 있다 다시 태어날까 기다렸던 그 아이가 3년 만에 신비로운 비밀을 간직한 채 다시 나타났습니다. 얼레지는 반그늘, 배수가 잘되는 비옥한 토양에서 잘 자란다고 알고 있었습니다. 그러나 이 아이가 스스로 삶의 터전으로 선택한 곳은 온

이른 봄날부터 매혹적인 꽃을 피우며 제법 많은 식구들까지 데리고 나왔습니다.

종일 햇살이 들고 건조한 바위 담장 곁이었습니다. 물론 주변에 큰 화분들이 있어 물과 거름이 거의 없는 곳은 아니지만, 이 섬세한 아이는 아마 주변에 놓인 크고 작은 화분들로 많이 답답했나 봅니다.

답답하다고 말은 못하지만 온몸으로 자기 살길을 찾아 용감하게 2년 동안 땅속 깊이 내린 가냘픈 실줄기랑 실줄기 끝에 매달린 연약한 어린 구근이 합심하여 살금살금 옮겨 좀더 살기 좋은 환경으로 이사해 태어났나 봅니다. 아직은 이 아이의 매혹적인 꽃망울을 보진 못했지만, 그래도 다시 만난 것만으로도 경이로운 기적입니다.

내 젊은 날의 코스모스

코스모스 하면 내 젊은 날 아름다운 시절이 떠오르고, '코스모스 한들한들 피어 있는 길…' 가수 김상희의 노래가 귓가를 감돕니다. 도로변에 무리 지어 서 있는 낭만적인 모습이 떠오르는 꽃입니다. 경부 고속 도로가 처음 개통되었을 때 고속버스가 비행기를 타는 것보다 귀하던 시절, 서울로 빨리 가는 고속버스가 생겼다고 좋아하시며 터미널에 나와 고속버스를 태워주셨던 아버지 모습이 떠오릅니다. 여름방학이 끝나고 서울로 오는 고속 도로변에는 오색 빛깔 코스모스가 줄지어 하늘거리며 스쳐지나가는 사람들에게 손을 흔들어 주었습니다. 이 정다운 모습은 이제 내 젊은 날의 추억이자 그리움이 되었습니다. 그 그리움의 꽃은 언제나 넓은 들판이나 길가에 무리지어 아름다움을 펼치고 있었습니다. 항상 그런 풍경을 보고 자란 나는 코스모스는 넓은 곳에 무리 지어 피어야 아름답다는 고정관념이 생겼습니다.

가을이면 코스모스의 아름다움을 만나러 가곤 했지만 우리집 정원으로 코스모스를 데려올 생각은 감히 하지 못했습니다. 좁고 한정된 공간인 정원에서는 코스모스 본연의 청초한 아름다움을 펼쳐낼 수 없다고 막연히 생각하고 있었답니다. 키 큰 아네모네(추명국)가 한두 송이 피어나고 아침저녁으로 서늘한 바람에 가을맞이하느라 여름 동안 지친 화분 속 아이들에게 거름도 주면서 돌봐주

드디어 우리집 정원에 코스모스가 살게 되었습니다.
작은 바람에도 키다리 모스모스가 한들거리며 낭만적인 운치와
우아한 아름다움을 뽐내니 갑자기 정원이 풍성해졌습니다.

고 한여름 동안 제멋대로 자라난 잡초도 제거하면서 바쁜 시간 보내다가 틈을 내어 화원으로 꽃구경을 나갔습니다. 화훼 공판장으로 들어가는 어수선한 길목에 코스모스가 무리지어 꽃을 피우고 있습니다. 그 곳은 항상 화원에서 나오는 쓰레기로 주변이 지저분하던 곳이었습니다. 바로 그 쓰레기더미가 쌓여 있던 곳이 살랑대는 오색 코스모스꽃으로 천국이 되어 있었습니다. 그 모습을 보는 순간 코스모스에 반해 버렸습니다. 갑자기 코스모스를 키우고 싶은 용기와 갈망이 동시에 솟아올랐습니다. 연이어 코스모스가 우리집 정원에서 살 곳이 번개처럼 떠올랐습니다.

대문 입구 철쭉과 꽃산딸나무가 사는 화단에 작은 키의 구절초랑 국화가 무리 지어 살고 있었습니다. 둘 사이에 화분 하나를 놓아 여유 공간을 만들어 두었던 빈 화분이 생각났습니다. 그 용기 속에서 코스모스가 하늘거리며 서 있는 우아한 풍경이 떠올랐습니다. 곧장 가장 가까운 화원 문을 두드렸으나 아무도 없었습니다. 다른 화원에서 나를 보고 나왔습니다. 코스모스가 너무 아름다워 한두 포기 사고 싶다고 정중히 이야기했더니 "한창 꽃을 피우고 있는 걸 어떻게 데려갈 생각을 하느냐"며 머리를 절레절레 흔들었습니다. 나는 충분히 잘 키울 수 있다고 간절히 부탁했습니다. 나의 절실한 마음에 이리저리 돌아보다가 고맙게도 얼른 두 그루를 쑥 뽑아 그냥 주었습니다. 친절하게도 뿌리에 따라 나온 흙을 툭툭 털어서요. '아이고! 저 흙 털면 안 될 텐데' 싶었지만 그 말은 감히 하지 못하고 감사 인사만 드리고 흙이 다 털린 불쌍한 코스모스를 갖고 왔습니다.

건조하고 척박한 환경에서 이미 성숙하게 다 자라서 한창 꽃을 피우고 있는 아이를 전혀 새로운 환경으로 데려온 나의 무모함과 욕심이 미안해서, 너무 미안하다 중얼거리며 조심조심 소중히 심었습니다. 강인한 생명력으로 참 고맙고 기특하게도 잘 적응해 그 해 가을 늦도록 꽃을 피워 주었습니다. 드디어 우리집 정원에 코스모스가 살게 되었습니다. 작은 바람에도 키다리 모스모스가 한들거리며 낭만적인 운치와 우아한 아름다움을 뽐내니 갑자기 정원이 풍성해졌습니다. 항상 코스모스는 넓은 공간에 무리지어 살아야만 아름답다는 나의 고정관념이 잘못된 것이라고, 두 그루의 코스모스가 살랑이며 알려줍니다. 어디든지 알맞은 환경과 어울리는 공간이면 우아한 모습을 보여줄 수 있다고! 참 미안했던 두 포기의 불쌍한 코스모스가 나에게 용기를 주었고 가을을 참 행복하게 해주었습니다. 코스모스가 오고 난 후 해마다 우리 정원의 이곳저곳에서 코스모스의 아름다움을 만날 수 있습니다. 앞마당에서 날아온 코스모스가 무성한 소나무 옆에 터를 잡아 하늘거리며 곱게 꽃을 살랑이며 내 마음을 사로잡습니다.

후기
정원으로 시작된 아름다운 변화

오래전 우리 집 정원의 시야를 가로막는 답답한 담장을 허물었습니다. 남편은 혹시 밤손님이 올까, 사생활이 노출될까 반대했지만, 겨우 설득을 했지요. 담을 허물고 나니 정원이 환하고 더 넓어 보였습니다. 꽃들도 시야를 가린 담장이 허물어지자 더 편히 맞이하는 바람과 햇살에 환하게 웃으며 좋아하는 듯 보였습니다. 그리고 내 낯가림의 벽이 서서히 허물어지고 정원을 지나가는 분들과 스스럼없이 웃음으로 이런 저런 대화하며 편안한 사이가 되었습니다. 지금은 남편이 외출했다 돌아오면 우리 집 꽃밭이 예쁘다고 좋아하지만, 처음 벽을 허물고 한동안 남편은 마음이 그리 편하지 않았다고 했습니다. 그 후 동네를 지나가던 경찰관 몇 분이 우리 집 앞을 순찰하다 정원이 참 예쁘다고 들어오셨습니다. 이렇게 훤하게 정원이 전부 드러나니 밤손님은 절대 오지 못하겠다고 하셨습니다. 그 말에 남편은 불안했던 마음을 거두고 평화를 얻었다고 하더군요.

지나고 보니, 담장을 허문 것은 그동안 자녀들과 부부의 노후나

미래만 준비하며 살아온 생각의 틀에서 벗어나게 도와준 거 같습니다. 절대 다시 돌아올 수 없는 '지금 이 시간'을 살기 위한 우리 인생, '제2막의 장'을 열었다고 남편과 이야기하곤 합니다. 담장을 허물고 정원을 가꾸다 보니, 꽃을 좋아하는 사람들은 일을 끝내고 가는 길에 꽃을 보러 먼 길을 돌아 일부러 우리 집 정원을 보고 가기도 하고, 가끔은 이웃 부부가 저녁 산책으로 우리 집 정원을 둘러보고 가실 때도 있었습니다. 우리 집 정원을 보는 즐거움이 있다고 참 좋아하였습니다. 아마도 그 마음속에 나와 같이 예쁜 정원을 품고 계셨나 봅니다.

나 역시 어디에서나 고운 꽃을 만나면 예쁘다 미소 짓고, 그 고운 꽃의 사랑스러움에 매료되어 발걸음 멈추고 바라보면 행복해집니다. 꽃을 좋아하는 이 마음 언제 어디에서 시작되었는지 모르지만, 대부분 우리들의 마음속엔 나름대로 자신만의 아름다운 정원을 꿈꾸며 살아갑니다. 하지만 삭막한 도시의 여유롭지 않은 삶에서 정원을 가꾸며 살아가기가 그리 쉽지 않기에 과감하게 담장을 허물고 꽃을 키우며 정원을 가꾸는 나에게 무한한 찬사를 보내줍니다. 꽃을 키우고 싶지만 너무 힘들 것 같아 감히 식물을 들이지 못한다고 하시면서요.

그땐 쉬이 말하지 못했지만, 내 마음에 담아둔 말을 조심스럽게 하고 싶습니다. 망설이지 말고 좋아하는 풀 한 포기, 작은 나무 한 그루라도 지금 바로 심어 보자고요. 함께 꽃을 가꾸고 예쁜 마을울 같이 만들어 가자고요. 어쩌면 정원은 여유로운 사람들의 전유물 같고, 이런 제안이 공허한 말처럼 들릴 수 있지만, 그 선입관과 고정관념을 벗어나면 꽃이 있는 예쁜 작은 화분 하나가 내 정원이 됩니다. 사랑스런 마음으로 소중히 가꾸다 보면, 어느 사이에 고운 웃음으로 마주하는 고운 안식처가 됩니다.

캄보디아 여행 중, 그들의 보금자리인 아주 낡은 배에서도 오밀조밀 화분에 식물을 키우며 살아가는 모습이 참 평온하고 인상적이었습니다. 또 오래전 철거 위기에 처한 구룡마을에 갔을 때, 그곳에 메리골드가 무리를 지어 흐드러지게 핀 예쁜 뜰을 보았습니다. 농성장으로 변해 버린 집들과 달리 처마 아래 감이 조롱조롱 달려 있는 정겨움과 뜰에는 메리골드가 흐드러지게 핀 그 소박한 아름다움이 참으로 포근하고 평화로웠습니다.

아름다운 정원을 꿈꾸며 사랑스런 꽃과 나무들을 키우다 보니 참 다양한 식물들을 많이도 키웠습니다. 수많은 아이들이 아름다운 꽃을 피울 땐 너무나 아름다워 사진으로 기쁨을 담고 기억하고 싶은 경험들을 기록하고, 힘들어 할 땐 그 모습이 너무 안쓰럽고 미안해 어떤 실수와 잘못이 있었는지 궁리하며 그 경험을 기록하며 꽃과 나무들의 특성을 보다 세심하게 관찰하여 나와 연을 맺은 식물들이 자신의 아름다움을 마음껏 펼치며 살기를 희망하였습니다.

책에서 얻은 지식과 실제 경험에서도 전혀 예상하지 못한 신비로움과 놀라움 그리고 황망한 실패 등 다양한 경험들을 오롯이 글과 사진으로 다 표현할 수는 없겠지만, 그 아쉬움에도 지금까지 기록하여 책으로 탄생되기까지 존경하는 교수님이 계셨기 때문에 가능하였습니다. 늦은 나이에 대학원을 무사히 마칠 수 있도록 지도해 주시고, 또 글을 쓰고 사진을 찍고 책까지 발간할 수 있도록 희망을 주며 응원해 주신 성균관대학교 정기호 교수님의 은혜에 마음 깊이 감사드립니다. 그리고 오랫동안 간직한 수많은 자료들을 편집하고 많은 수고를 해주신 성균관대학교 출판부에도 감사드립니다. 서툴고 어설픈 손길이지만, 정원 일을 도와줘도 까다롭고 예민한 나에게 그래도 꾸준히 꿈을 키워주는 남편에게 처음으로 고맙다는 말을 전합니다.

아름다운 시작
일상 정원

1판 1쇄 인쇄 2020년 10월 23일
1판 1쇄 발행 2020년 10월 30일

지은이　　　이명희
펴낸이　　　신동렬
책임편집　　구남희
편집　　　　현상철·신철호
디자인　　　심심거리프레스
마케팅　　　박정수·김지현

펴낸곳　　　성균관대학교 출판부
등록　　　　1975년 5월 21일 제1975-9호
주소　　　　03063 서울특별시 종로구 성균관로 25-2
전화　　　　02)760-1253~4
팩스　　　　02)760-7452
홈페이지　　http://press.skku.edu/

ISBN　　　　979-11-5550-430-7 03480

잘못된 책은 구입한 곳에서 교환해 드립니다.